수입식품 유통안전관리 안내서

식품의약품안전처

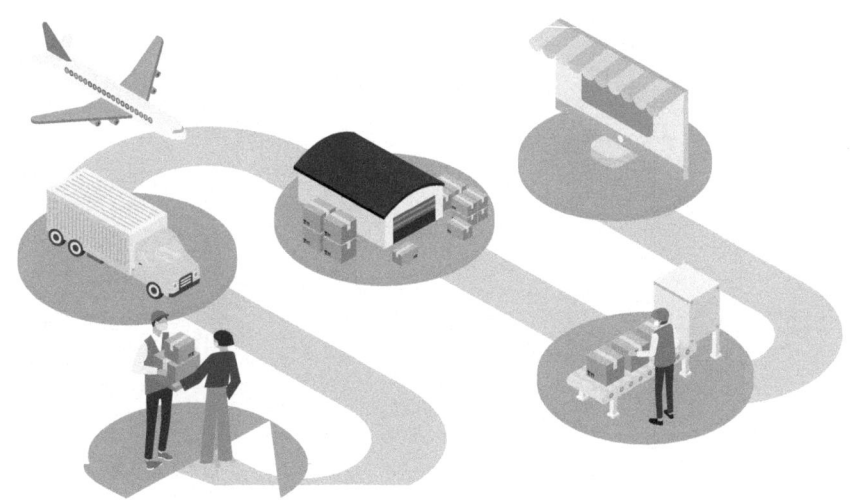

CONTENTS

Chapter 01 업종별 안전관리

- 수입식품 보관업 위생관리 ····· 05
- 식품접객업소 및 집단급식소 ····· 11
- 식품 유통·판매업체 안전관리 ····· 23

Chapter 02 관련법령

- 업종별시설기준 ····· 28
- 식품접객업영업자 등의 준수사항 ····· 47
- 집단급식소의 설치·운영자의 준수사항 ····· 59
- 집단급식소의 시설기준 ····· 61
- 영업자 준수사항 ····· 63
- 영업의 종류별 시설기준 ····· 67

Chapter 01
업종별 안전관리

- 수입식품 보관업 위생관리　　05
- 식품접객업소 및 집단급식소　　11
- 식품 유통·판매업체 안전관리　　23

Chapter 01   업종별 안전관리

업종별 위생관리 공통사항

식품위생법 시행규칙

■ 식품위생법 시행규칙 [별표 1] <개정 2020. 10. 16.>

식품등의 위생적인 취급에 관한 기준(제2조 관련)

1. 식품등을 취급하는 원료보관실·제조가공실·조리실·포장실 등의 내부는 항상 청결하게 관리하여야 한다.
2. 식품등의 원료 및 제품 중 부패·변질이 되기 쉬운 것은 냉동·냉장시설에 보관·관리하여야 한다.
3. 식품등의 보관·운반·진열시에는 식품등의 기준 및 규격이 정하고 있는 보존 및 유통기준에 적합하도록 관리하여야 하고, 이 경우 냉동·냉장시설 및 운반시설은 항상 정상적으로 작동시켜야 한다.
4. 식품등의 제조·가공·조리 또는 포장에 직접 종사하는 사람은 위생모 및 마스크를 착용하는 등 개인위생관리를 철저히 하여야 한다.
5. 제조·가공(수입품을 포함한다)하여 최소판매 단위로 포장(위생상 위해가 발생할 우려가 없도록 포장되고, 제품의 용기·포장에 「식품 등의 표시·광고에 관한 법률」 제4조제1항에 적합한 표시가 되어 있는 것을 말한다)된 식품 또는 식품첨가물을 허가를 받지 아니하거나 신고를 하지 아니하고 판매의 목적으로 포장을 뜯어 분할하여 판매하여서는 아니 된다. 다만, 컵라면, 일회용 다류, 그 밖의 음식류에 뜨거운 물을 부어주거나, 호빵 등을 따뜻하게 데워 판매하기 위하여 분할하는 경우는 제외한다.
6. 식품등의 제조·가공·조리에 직접 사용되는 기계·기구 및 음식기는 사용 후에 세척·살균하는 등 항상 청결하게 유지·관리하여야 하며, 어류·육류·채소류를 취급하는 칼·도마는 각각 구분하여 사용하여야 한다.
7. 유통기한이 경과된 식품 등을 판매하거나 판매의 목적으로 진열·보관하여서는 아니 된다.

1 수입식품 보관업 위생관리

● 위생적 취급 기준
- 보관시설 내부의 바닥은 콘크리트 등으로 내수처리를 하여야 하고, 물이 고이거나 습기가 차지 않도록 하여야 한다. 다만, 활어 수조 등 물을 사용하는 시설은 그러하지 아니하다.
- 보관시설의 내부 구조물, 벽, 바닥, 천장, 출입문, 창문 등은 내구성, 내부식성 등을 가지고, 청소가 용이하여야 한다.

▣ 보관물품 이격관리 필요

※ 보관창고는, 원·부자재, 반제품 및 완제품은 구분관리 하고, 바닥이나 벽에 밀착되지 아니하도록 적재·관리하여야 한다.
- 보관하고 있는 물품(개봉 및 재밀봉한 상태 포함), 사용 중인 물품 등은 교차오염의 우려가 없도록 구분, 이격관리 기준(바닥, 벽으로부터 최소 10cm 이상 이격 원칙)을 설정
- 상·하단 보관으로 인한 하단 물품 교차오염(부적합품 포함) 등 발생 우려가 없도록 관리
- 원·부자재, 반제품 및 완제품은 교차오염의 우려가 없도록 밀봉을 원칙으로 보관하며, 일부 원·부자재 및 반제품이 개봉된 상태인 경우, 별도 구분 또는 구체적인 관리 기준 설정 필요

Chapter 01 업종별 안전관리

▣ 보관창고 온도계 구비

☞ 온도변화를 측정·기록하는 장치를 설치·구비하거나 일정한 주기를 정하여 온도를 측정하고 그 기록을 유지하여야 함

▣ 보관창고 온도계 구비

냉동제품 실온에 보관(보관기준 위반)

냉동창고에 보관중인 냉장만두

◼ 보관온도 준수

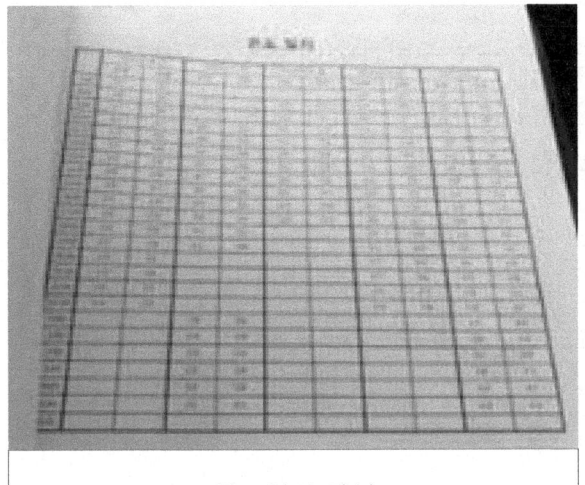

온도일지 작성

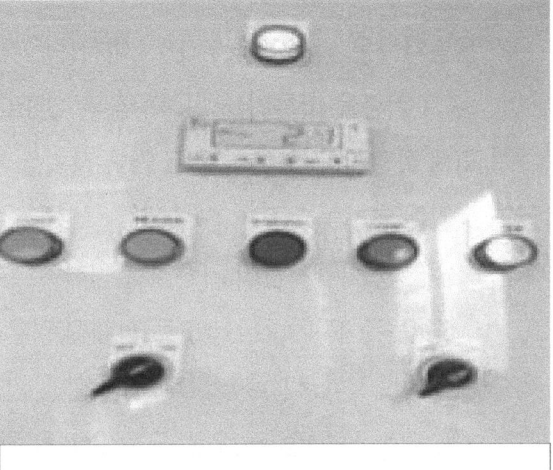

보관창고 온도 표시

☞ 제조, 가공 포장, 보관 등 공정별로 온도 관리계획을 수립하여 이를 측정할 수 있는 온도계를 설치하고 보관기간동안 제품의 안전성 및 적합성을 확보 하기 위한 습도관리 필요

☞ **냉동보관을 하는 경우에는 영하 18°C 이하, 냉장보관을 하는 경우에는 영상 10°C 이하의 온도 및 습도 유지를 위한 시설을 갖추**어야 하고, 외부에서 온도변화를 관찰할 수 있어야 하며, 온도 감응 장치의 센서는 온도가 **가장 높게 측정되는 곳에 위치하도록 함**

(관리) 온도관리 기준에 따라 온도를 주기적으로 점검 및 관리
- 실제 온도를 측정하여 기록함
- 자동온도기록장치를 이용하여 관리하는 경우 온도기록 이탈시 개선조치시행

☞ 온도를 높이거나 낮추는 처리시설에는 온도변화를 측정·기록하는 장치 설치·구비하거나 일정한 주기를 정하여 온도를 측정하고, 그 기록을 유지하여야 함

Chapter 01 업종별 안전관리

◼ **냉장 차량 관리**

☞ 운송차량은 냉장의 경우 10℃이하(단, 가금육 -2~5℃ 운반과 같이 별도로 정해진 경우에는 그 기준을 따른다), 냉동의 경우 –18℃이하를 유지할 수 있어야 하며, 외부에서 온도변화를 확인할 수 있도록 온도 기록 장치를 부착하여야 한다.

< 기준 >
- 냉장·냉동온도 관리 기준을 수립하고, 온도변화를 확인할 수 있는 온도 기록 장비를 부착
   ※ 운송온도 기준이 별도로 정해진 경우에는 그 기준을 준수
   ※ 온도기록장치로 타코메타 등 활용 권장
   ※ 출하 전 운송차량의 온도는 완제품 관리 온도를 설정
      - (관리) 운송차량의 냉장·냉동 온도를 주기적으로 점검 및 관리하여야 한다.
      - (현장) 운송차량의 온도관리를 확인한다.

차량위생관리

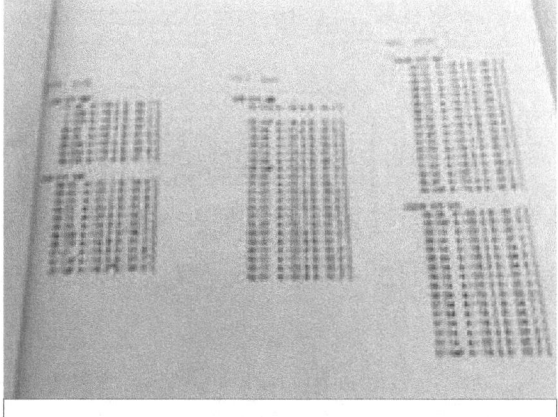

배송차량일지

☞ 운송차량 내부는 다른 물품과 구분하여 교차오염이 없도록 분리 및 보관하며, 청결한 상태로 관리하여야 한다.
- 운송 시 화학물품, 오염원 등을 같이 운송하지 않도록 교차오염 관리 기준 설정
   ※ 특히 완전한 밀봉된 상태가 아닌 알레르기 유발 식품과 같이 운반하는 경우 다음 공정에서 주의할 수 있도록 관리하며, 식품 축산물은 비식품·축산물과 구분하여 교차오염 방지 필요

수입식품안전관리특별법 시행규칙 제15조

수입식품등 보관업 시설기준 준수 여부

- 건물의 위치는 축산폐수·화학물질, 그 밖에 오염물질의 발생시설로부터 수입식품등에 영향을 주지 아니하는 거리를 두어야 한다.
- 건물의 구조는 보관하려는 수입식품등의 특성에 따라 적정한 온도가 유지될 수 있고, 환기가 잘 될 수 있어야 한다.
- 건물의 자재는 수입식품등에 나쁜 영향을 주지 아니하고 수입식품등을 오염시키지 아니하는 것이어야 한다.
- 보관시설은 독립된 건물이거나 식품류 외의 제품을 보관하는 시설과 분리(별도의 방을 분리함에 있어 벽이나 층 등으로 구분하는 경우를 말한다. 이하 이 표에서 같다) 또는 구획(칸막이·커튼 등으로 구분하는 경우를 말한다. 이하 이 표에서 같다)되어야 한다. 다만, 보관시설의 특수성으로 분리 또는 구획이 어려운 경우에는 구분(선·줄 등으로 구분하는 경우를 말한다. 이하 이 표에서 같다)되어야 한다.
- 보관시설 내부의 바닥은 콘크리트 등으로 내수처리를 하여야 하고, 물이 고이거나 습기가 차지 않도록 하여야 한다. 다만, 활어 수조 등 물을 사용하는 시설은 그러하지 아니하다.
- 보관시설의 내부 구조물, 벽, 바닥, 천장, 출입문, 창문 등은 내구성, 내부식성 등을 가지고, 청소가 용이하여야 한다.
- 보관시설은 외부의 오염물질이나 조류, 해충, 설치류, 빗물 등의 유입을 차단할 수 있는 구조이어야 하며, 내부에는 쥐·바퀴 등 해충의 침입 방지를 위한 방충망, 쥐트랩 등 방충·방서 시설을 갖추어야 한다. 다만, 방충·방서는 전문 방충·방서업소와 계약을 체결하여 주기적으로 관리할 수 있다.
- 보관시설 내부에서 발생하는 악취·유해가스, 먼지, 매연, 증기 등을 배출시키는 환기시설을 갖추어야 한다. 다만, 냉동·냉장시설 등 보관시설의 특성상 환기시설을 갖출 수 없는 경우에는 그러하지 아니하다.

Chapter 01 　업종별 안전관리

- 보관시설은 폐기물·폐수 처리시설과 격리된 장소에 설치하여야 한다.
- 냉동보관을 하는 경우에는 영하 18℃ 이하, 냉장보관을 하는 경우에는 영상 10℃ 이하의 온노 및 습노 유지를 위한 시설을 갖추어야 하고, 각각의 시설은 분리 또는 구획되어야 하며, 중앙제어실 또는 외부에서도 온도변화를 관찰할 수 있도록 온도계를 보기 쉬운 곳에 설치하여야 한다.
- 상호 오염원이 될 수 있는 수입식품등을 보관하는 경우에는 서로 분리하여 구별할 수 있도록 한다.
- 보관시설 바닥에는 양탄자를 설치하여서는 아니 된다.
- 보관시설에 영향을 미치지 아니하는 정화조를 갖춘 수세식 화장실을 설치하고, 손 씻는 시설을 설치하여야 한다. 다만, 상·하수도가 설치되지 아니한 지역에서는 수세식이 아닌 화장실을 설치할 수 있으며 이 경우 변기의 뚜껑과 환기시설을 갖추어야 한다.

2 식품접객업소 및 집단급식소

● 위생적 취급 기준
- 바닥, 보관실, 조리실 등 작업실 및 조리도구 위생적 관리

☞ 식품 조리·보관 등 식품 취급과 관련노딘 공정은 적법한 공간에서 이루어져야 함
: 식품 이외의 용도(폐기물 시설 등)로 사용되는 시설과 분리

☞ 가능하면 조리공간, 원료 전처리공간, 폐기물 처리공간을 별도로 나누어 마련하는 것을 권장하며, 동일한 공간을 사용해야 하는 경우라도 조리구역, 전처리구역, 폐기물처리 구역을 구분하여 교차오염을 방지

▣ 식당 내부 위생 관리

적합

미흡

Chapter 01　업종별 안전관리

◾ **집단급식소 내부 위생관리**

적합

☞ 작업장을 설계, 개·보수 또는 운영 시 외부로부터 누수, 오염물질, 해충 등 유입을 방지 할 수 있는 구조이어야 한다.

※ 유입 방지를 위한 에어커튼, 비닐커튼, 밀폐 처리(실리콘 등), 방충망 등 활용

< 관리 >

- 내부 출입문, 천장, 벽, 바닥, 흡·배기구, 창문 등 작업장 내부 전체의 밀폐 및 오염물질 등 차단관리를 주기적으로 점검 및 관리 필요

◩ 조리도구 관리

☞ 칼과 도마 등의 조리 기구나 용기, 앞치마, 고무장갑 등은 원료나 조리과정에서의 교차오염을 방지하기 위하여 식재료 특성 또는 구역별로 구분하여 사용하여야 한다.

< 기준 >
- 원료나 조리과정에서 교차오염을 방지하기 위하여 조리 기구 등은 구분하여 사용하여야 한다.
  - 조리 기구, 용기, 앞치마, 고무장갑 등은 식재료 특성 또는 구역별로 구분하여 설정
  ※ 조리 특성상 종사자가 시간차로 전처리 → 조리 → 배식 → 청소 형태로 운영됨에 따라 사용 하는 조리 기구, 앞치마, 고무장갑 등은 교차오염 예방 관리가 필요
  - 식재료 특성에 따라 조리 기구, 도마, 용기 등은 농산물, 축산물, 수산물로 구분하여 설정
  ※ 조리 기구 등의 형태, 고유 색깔, 보관 장소, 사용 위치, 식별표시 구분

식당 조리도구 사용실태		집단급식소 조리도구 사용 실태
적합	미흡	적합

Chapter 01 업종별 안전관리

☞ 영업장에는 기계·설비, 기구·용기 등을 충분히 세척하거나 소독할 수 있는 시설이나 장비를 갖추어야 한다.

< 기준, 관리, 현장 >
- 작업 특성에 따라 작업장 내 세척, 소독 시설·장비를 구비하여햐 함
  - 세척·소독 설비의 용도별 구분 설정
    ① 기구·용기·시설·설비용, 청소용, 일반·청결 구역 등으로 용도 구분 가능
      ※ 생산 설비가 고정되거나, 이동하기 어려운 설비에는 이동이 가능하거나, 세척이 가능한 시설 또는 장비를 구비
    ② 고압세척기, 싱크대, 솔, 에어건, 행주, 진공청소기, 소독분무기, 호스릴, 자동세척기 등 생산설비 형태, 청소 방법을 고려하여 세척·소독 시설·장비 구비
      ※ 작업장 내 세척, 소독 시설·장비는 사용하기 용이한 곳에 배치

☞ 식품 취급 등의 작업은 바닥으로부터 60cm 이상의 높이에서 실시하여 바닥으로부터 오염 방지 필수

냉장, 냉동 시설 설비 관리

☞ 냉장·냉동·냉각실은 냉장 식재료 보관, 냉동 식재료의 해동, 가열 조리된 식품의 냉각과 냉장 보관에 충분한 용량이 되어야 함

< 기준 >
- 냉장·냉동·냉각실은 식재료 및 조리의 특성을 고려하여 보관 용량 설정
  - 냉장식재료, 해동, 조리제품의 냉각 및 냉장보관 등 시설·설비의 목적에 따라 보관 용량 설정

적합 (외부온도 확인 가능)

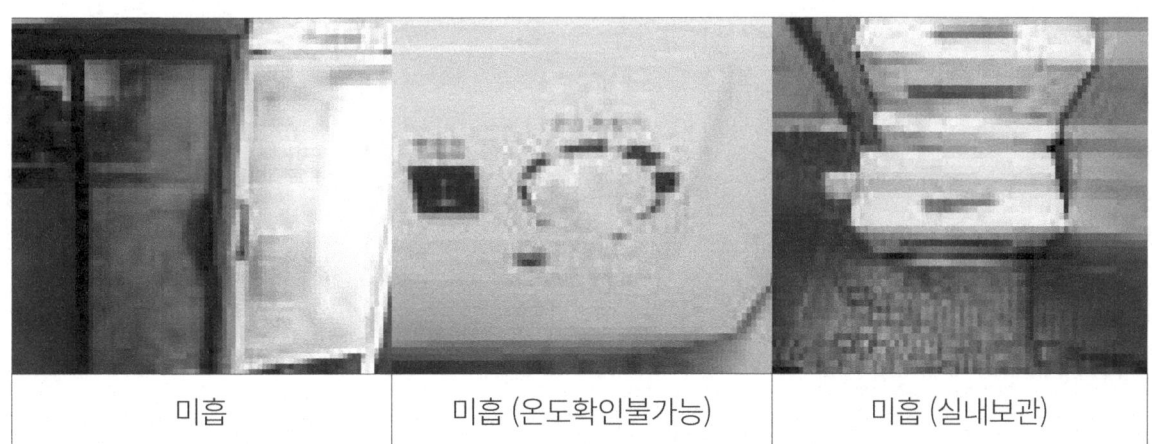

| 미흡 | 미흡 (온도확인불가능) | 미흡 (실내보관) |

☞ 냉장시설은 내부의 온도를 10℃ 이하 냉동시설은 –18℃로 유지하며 온도 감응 장치의 센서는 온도가 가장 높게 측정되는 곳에 위치하도록 함!

Chapter 01   업종별 안전관리

▣ **교차오염 방지**
  - **식품 및 조리의 특성을 고려하여 교차오염을 예방하기 위해 분리, 구분, 구획 보관**
  • 손질이 필요한 재료, 손질된 재료, 조리된 식품은 최대한 분리하여 보관
  • 바로 먹을 수 있도록 처리된 횟감은 다른 재료와 분리, 위생적 보관
  • 축·수산물은 비닐 또는 용기에 담아 밀봉하여 보관하며, 조리된 식품이나 전처리된 원료와 같은 냉장고에 보관시 가장 아랫칸에 보관
  • 조리 후 남은 재료는 개별 포장하여 알맞은 온도가 유지되는 곳에 보관

적합

미흡

◼ 유통기한 관리
  - 원료의 유통기한을 확인하기 위해 포장박스를 보관필요
  - 소분 시 소분일자, 사용예정일자 표시

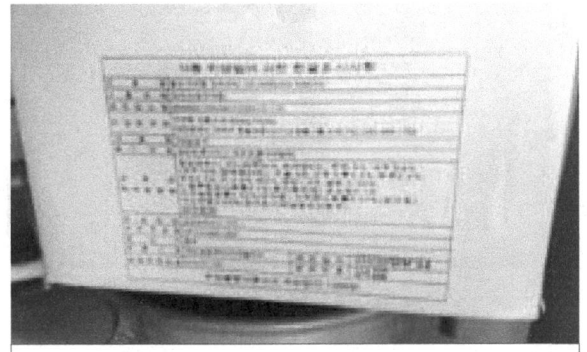

포장박스 보관(유통기한 확인 가능)

미흡(소분날짜, 유통기한 표시 없음)

소분 보관 시 날짜 기재

☞ 냉장식품을 절단 소분등의 처리를 할 때에는 식품의 온도가 가능한 15℃를 넘지 않도록 한번에 소량씩 취급하고 처리 후 냉장고에 보관하는 등의 온도관리 필요
  - 냉장 식품 절단 소분에 대한 품온 및 보관온도 주기적으로 점검

Chapter 01　업종별 안전관리

▣ **위반사례**

- **유통기한 경과 원료 조리목적 보관 등**

유통기한 경과 드레싱

유통기한 경과 식재료 등

- **조리실 청결관리 미흡(과태료 50만원 등)**

조리장 전경	 조리장 후드	 칼 도마 미구분 사용
 튀김기 주변	 튀김기 하단 쥐 분변	 튀김기 하단 쥐 분변

● 식자재 보관

▣ 창고 보관 방법
- 식품과 비식품(소모품)은 구분하여 보관
- 세척제, 소독제 등 별도 보관

- 온도 15~25℃, 습도 50~60% 유지
- 식품보관 선반은 벽과 바닥으로부터 15cm이상 거리 두기
- 직사광선 피하기

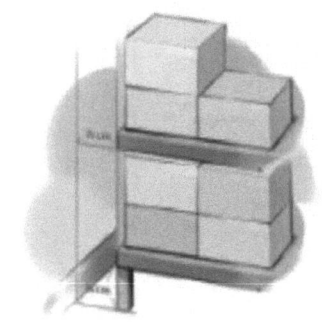

- 대용량 제품을 나누어 보관하는 경우 제품명과 유통기한 반드시 표시
- 유통기한이 보이도록 진열
- 입고 순서대로 사용(선입선출)

- 외포장 제거 후 보관
- 식품은 항상 정리 정돈 상태 유지

Chapter 01 업종별 안전관리

▣ **냉장·냉동 보관 방법**
- 보관 용량은 찬공기의 원활한 순환을 위해 70% 이하 유지
- 냉장 온도 0~5℃, 냉동 온도 -18℃이하 유지 및 내부 온도는 주기적으로 확인

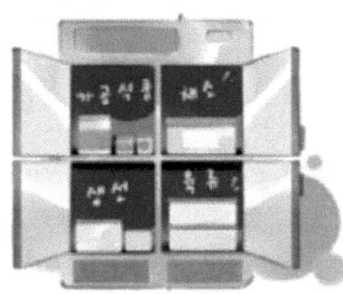

- 박스 제거 후 보관
- 조리한 음식은 충분히 식힌 후 냉장·냉동 보관 및 덮개 사용
- 교차오염 방지를 위한 구분 보관
  - 날음식은 하단, 익힌 음식은 상단 보관
  - 생선·육류는 하단, 채소·가공식품 상단 보관

- 외포장 박스는 제거 후 보관
- 문의 개폐는 신속히 최소한으로 함
- 일주일에 한 번씩 성에 제거 및 수시로 안팎 청소

- 먼저 들어온 것 먼저 사용하기(선입선출)
- 해동한 음식은 재냉동 금지

● 보관 방법에 따른 최대 저장 기간

▣ 냉장 보관

식품	최적 보관 온도	최대 저장 기간	비고
선어	1~2°C	20일	느슨하게 포장된 상태
조개, 오징어, 낙지	1~2°C	5일	뚜껑이 있는 용기에 담긴 상태
갈은 고기	3°C	2일	느슨하게 포장된 상태
절단고기	3°C	6일	〃
닭고기	2°C	7일	〃
계란	4°C	3주	〃
잎채소류	7°C	7일	씻지 않은 상태

▣ 냉동 보관

식품	최대 저장 기간
기름있는 푸른생선 등(고등어 등)	3개월
기타 생선	6개월
쇠고기	6개월
쇠고기(같은 것)	3~4개월
돼지고기	4~8개월
돼지고기(같은 것)	1~3개월
생닭, 생오리	12개월
절단된 가금류	4개월

Chapter 01   업종별 안전관리

▶ 작업전 개인위생관리

조리종사자의 개인위생 미비도 식중독 발생의 원인이 되므로 조리작업 전 개인위생을 철저히 점검필요!

- 병에 걸리거나 급성 위장병 증세를 보인다면 식품을 취급하지 않아야 함
- 계속 기침을 하거나 재채기를 할 경우 활동을 제한하여 식품뿐만 아니라 조리도구, 주방용품, 일회용품, 린넨류 등에 노출되지 않아야 함
- 상처나 열린 환부 등의 상처가 있는 경우 방수밴드 등으로 잘 감싸고 장갑까지 착용하여 환부로부터 오염되지 않도록 함은 물론 밴드가 떨어져 식품에 혼입되지 않도록 하며 가능하면 직접조리는 하지 않도록 함
- 손톱은 짧게 유지하여 손톱 밑에 생길 수 있는 세균 방지
- 실수로 인해 식품을 오염시키거나 이물로서 혼입될 수 있는 요인이 되지 않도록 작업장에서는 반지, 팔찌, 시계 등의 장신구 미착용
- 식품을 직접 다루는 경우 반드시 손세척을 통해 손에 존재하는 세균 등 오염원을 제거하고 가능하면 위생장갑을 착용 필수

▶ 작업장 위생관리

- 작업장 내 종업원은 위생복, 위생모, 위생화 등을 착용
  - 외부에서 착용하는 신발이나 옷으로부터 조리식품으로 오염이 일어나지 않도록 위생복과 위생화를 착용
- 위생모를 착용하여 머리카락으로 인한 식품 오염을 방지
- 작업장은 청결을 중요시하는 곳으로 작업자가 작업장 내에서 흡연, 침뱉기, 껌씹기, 재채기, 기침 등 오염원이 될 수 있는 행동을 자제
- 즉석조리 식품이나 샐러드 등을 손으로 직접 다루는 경우에는 1회용 위생장갑을 착용하고 작업

3 식품 유통·판매업체 안전관리

■ 입고관리(하차 검품)
- 자체적으로 정한 입고 기준 및 규격에 적합한 식품만을 입고하여야 하며, 식품별로 다음 사항 확인

☞ 자연 농·임·수산물 및 이를 단순 처리한 식품 : 변질, 신선도, 표시사항 등
☞ 가공식품 : 표시사항, 포장 파손 등 외관상태
☞ 냉장·냉동 식품 : 운반온도 확인(신선편의식품, 훈제연어는 5℃이하, 냉장 10℃ 이하, 냉동 -18℃ 이하, 운송차량의 온도기록지 확인 등)

■ 보관관리

☞ 냉장·냉동식품은 입고되는 대로 신속보관하며 외부에 방치 돼서는 안됨.
 - 입고 기준 및 규격, 식품별 법적 온도에 따라 보관 관리

☞ 보관 중인 식품은 직접 바닥에 닿지 아니 하도록 받침대 등 위에 적재
 - 원·부자재 등 보관 중인 식품은 교차오염의 우려가 없도록 이격관리
 - 보관하고 있는 물품(개봉 및 재밀봉한 상태 포함), 사용 중인 물품 등은 교차오염의 우려가 없도록 이격관리 기준
  (바닥, 벽으로부터 최소 10cm 이상 이격 원칙)을 설정
  ※ 상·하단 보관으로 인한 하단 물품 교차오염(부적합품 포함) 방지
 - 냉장·냉동진열대는 용량에 맞게 적재하며 주기적으로 세척·소독 필요

Chapter 01 업종별 안전관리

▣ 온도관리

☞ 냉장창고의 온도는 10℃이하, 냉동창고의 온도는 -18℃이하로 유지.

< 기준(1) >
- 냉장·냉동온도 및 별도로 정해진 식품·축산물의 기준에 따라 온도관리
  - 기본적으로 냉장제품은 0~10℃에서 냉동제품은 -18℃이하에서 보관(다만 신선편의식품, 훈제 연어는 5℃이하 보관 등 보관온도 기준이 별도로 정해진 식품의 경우에는 그 기준을 준수)
  ※ 제상시간 등 별도 설정되어 있는 경우 기준에 반영

< 기준(2) >
- 올바른 냉장·냉동온도 관리를 위하여 연 1회 이상 검교정 실시
  ※ 검·교정 시 사용 온도대역으로 검·교정을 하는 것이 바람직하며, 계측장비의 오차범위를 고려하여 검·교정 실시

| 적합 | 미흡 (환풍구 밑 적재) | 적합 | 미흡 (교차오염 우려) |

▣ 진열판매관리

☞ 부적합한 식품(불량·파손·표시사항이 훼손된 식품 등)을 판매하거나 판매목적으로 진열하여서는 아니 되며 유통기한 또는 자체적으로 정한 판매기한(진열기한) 등을 경과한 식품을 진열·판매하여서는 안된다.

< 기준(1) >
- 부적합한 식품 등을 판매하거나 판매목적으로 진열하지 않도록 관리
  - 불량, 파손, 표시사항이 미표시 또는 훼손된 부적합한 식품 등은 진열 불가

< 기준(2) >
- 유통기한 또는 판매기한(진열기한) 등이 경과한 식품을 진열 불가
  - 유통기한 및 판매기한 경과한 식품 등(농·임·수산물 등)은 진열·판매 불가

☞ 냉장·냉동진열대는 용량에 맞게 적재하여야 하며 주기적으로 세척·소독

< 기준 >
- 냉장·냉동 진열대는 식품 등의 특성을 고려하여 보관 용량 기준을 수립
  - 진열 제품의 특성 및 진열대 시설의 목적에 따라 보관 용량 설정
  - 진열대의 주기적인 세척·소독 주기, 방법 및 절차 등 구체적으로 설정

< 관리 >
- 진열대의 보관 용량 및 청결도를 주기적으로 점검 및 관리

Chapter 01 업종별 안전관리

☞ 보관온도가 정하여진 가공식품 등은 정하여진 보관기준에 따라 진열 판매하여야 하고, 별도로 정하여지지 않은 식품 등(농·임·수산물 등)은 자체적으로 정한 보관기준을 준수

< 기준(1) >
- 정해진 가공식품 보관온도 및 보관 기준에 따라 진열 판매 기준 수립
  - 보관 및 진열에 대한 식품별 법적 온도에 따라 보관관리 기준 설정
    ※ 별도 기준이 정하여지지 않은 식품 등은 자체 보관기준 설정

< 기준(2) >
- 정해진 농·임·수산물 보관온도 및 보관 기준에 따라 진열 판매 기준 수립
  - 보관 및 진열에 대한 농·임·수산물별 법적 온도에 따라 보관관리 기준 설정
    ※ 별도 기준이 정하여지지 않은 농·임·수산물 등은 자체 보관기준 설정

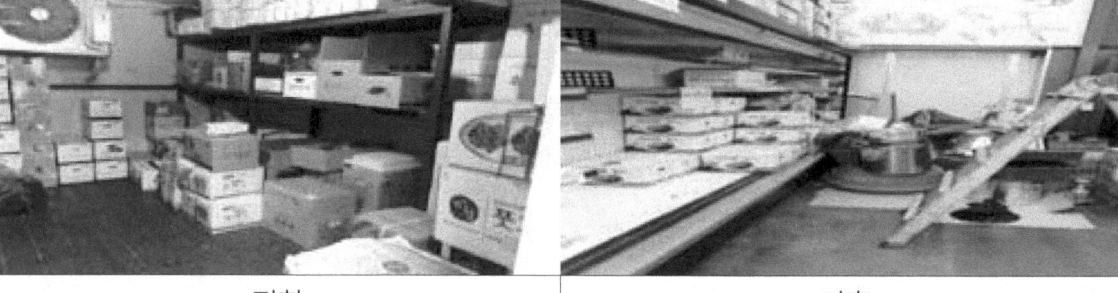

Chapter 02

관련법령

- 업종별시설기준   28
- 식품접객업영업자 등의 준수사항   47
- 집단급식소의 설치 · 운영자의 준수사항   59
- 집단급식소의 시설기준   61
- 영업자 준수사항   63
- 영업의 종류별 시설기준   67

Chapter 02 관련법령

■ 식품위생법 시행규칙 [별표 14] <개정 2020. 4. 13.>

업종별시설기준(제36조 관련)

1. **식품제조·가공업의 시설기준**

    가. 식품의 제조시설과 원료 및 제품의 보관시설 등이 설비된 건축물(이하 "건물"이라 한다)의 위치 등

    1) 건물의 위치는 축산폐수·화학물질, 그 밖에 오염물질의 발생시설로부터 식품에 나쁜 영향을 주지 아니하는 거리를 두어야 한다.

    2) 건물의 구조는 제조하려는 식품의 특성에 따라 적정한 온도가 유지될 수 있고, 환기가 잘 될 수 있어야 한다.

    3) 건물의 자재는 식품에 나쁜 영향을 주지 아니하고 식품을 오염시키지 아니하는 것이어야 한다.

    나. 작업장

    1) 작업장은 독립된 건물이거나 식품제조·가공 외의 용도로 사용되는 시설과 분리(별도의 방을 분리함에 있어 벽이나 층 등으로 구분하는 경우를 말한다. 이하 같다)되어야 한다.

    2) 작업장은 원료처리실·제조가공실·포장실 및 그 밖에 식품의 제조·가공에 필요한 작업실을 말하며, 각각의 시설은 분리 또는 구획(칸막이·커튼 등으로 구분하는 경우를 말한다. 이하 같다)되어야 한다. 다만, 제조공정의 자동화 또는 시설·제품의 특수성으로 인하여 분리 또는 구획할 필요가 없다고 인정되는 경우로서 각각의 시설이 서로 구분(선·줄 등으로 구분하는 경우를 말한다. 이하 같다)될 수 있는 경우에는 그러하지 아니하다.

    3) 작업장의 바닥·내벽 및 천장 등은 다음과 같은 구조로 설비되어야 한다.

        가) 바닥은 콘크리트 등으로 내수처리를 하여야 하며, 배수가 잘 되도록 하여야 한다.

        나) 내벽은 바닥으로부터 1.5미터까지 밝은 색의 내수성으로 설비하거나 세균방지용 페인트로 도색하여야 한다. 다만, 물을 사용하지 않고 위생상 위해발생의 우려가 없는 경우에는 그러하지 아니하다.

        다) 작업장의 내부 구조물, 벽, 바닥, 천장, 출입문, 창문 등은 내구성, 내부식성 등을 가지

고, 세척·소독이 용이하여야 한다

　　　4) 작업장 안에서 발생하는 악취·유해가스·매연·증기 등을 환기시키기에 충분한 환기시설을 갖추어야 한다.

　　　5) 작업장은 외부의 오염물질이나 해충, 설치류, 빗물 등의 유입을 차단할 수 있는 구조이어야 한다.

　　　6) 작업장은 폐기물·폐수 처리시설과 격리된 장소에 설치하여야 한다.

　다. 식품취급시설 등

　　　1) 식품을 제조·가공하는데 필요한 기계·기구류 등 식품취급시설은 식품의 특성에 따라 식품 등의 기준 및 규격에서 정하고 있는 제조·가공기준에 적합한 것이어야 한다.

　　　2) 식품취급시설 중 식품과 직접 접촉하는 부분은 위생적인 내수성재질[스테인레스·알루미늄·에프알피(FRP)·테프론 등 물을 흡수하지 아니하는 것을 말한다. 이하 같다]로서 씻기 쉬운 것이거나 위생적인 목재로서 씻는 것이 가능한 것이어야 하며, 열탕·증기·살균제 등으로 소독·살균이 가능한 것이어야 한다.

　　　3) 냉동·냉장시설 및 가열처리시설에는 온도계 또는 온도를 측정할 수 있는 계기를 설치하여야 한다.

　라. 급수시설

　　　1) 수돗물이나 「먹는물관리법」 제5조에 따른 먹는 물의 수질기준에 적합한 지하수 등을 공급할 수 있는 시설을 갖추어야 한다.

　　　2) 지하수 등을 사용하는 경우 취수원은 화장실·폐기물처리시설·동물사육장, 그 밖에 지하수가 오염될 우려가 있는 장소로부터 영향을 받지 아니하는 곳에 위치하여야 한다.

　　　3) 먹기에 적합하지 않은 용수는 교차 또는 합류되지 않아야 한다.

　마. 화장실

　　　1) 작업장에 영향을 미치지 아니하는 곳에 정화조를 갖춘 수세식화장실을 설치하여야 한다. 다만, 인근에 사용하기 편리한 화장실이 있는 경우에는 화장실을 따로 설치하지 아니할 수 있다.

　　　2) 화장실은 콘크리트 등으로 내수처리를 하여야 하고, 바닥과 내벽(바닥으로부터 1.5미터까지)에는 타일을 붙이거나 방수페인트로 색칠하여야 한다.

　바. 창고 등의 시설

Chapter 02 관련법령

  1) 원료와 제품을 위생적으로 보관·관리할 수 있는 창고를 갖추어야 한다. 다만, 창고에 갈음할 수 있는 냉동·냉장시설을 따로 갖춘 업소에서는 이를 설치하지 아니할 수 있다.
  2) 창고의 바닥에는 양탄자를 설치하여서는 아니 된다.
 사. 검사실
  1) 식품등의 기준 및 규격을 검사할 수 있는 검사실을 갖추어야 한다. 다만, 다음 각 호의 어느 하나에 해당하는 경우에는 이를 갖추지 아니할 수 있다.
   가) 법 제31조제2항에 따라 「식품·의약품분야 시험·검사 등에 관한 법률」 제6조제3항제2호에 따른 자가품질위탁 시험·검사기관 등에 위탁하여 자가품질검사를 하려는 경우
   나) 같은 영업자가 다른 장소에 영업신고한 같은 업종의 영업소에 검사실을 갖추고 그 검사실에서 법 제31조제1항에 따른 자가품질검사를 하려는 경우
   다) 같은 영업자가 설립한 식품 관련 연구·검사기관에서 자사 제품에 대하여 법 제31조제1항에 따른 자가품질검사를 하려는 경우
   라) 「독점규제 및 공정거래에 관한 법률」 제2조제2호에 따른 기업집단에 속하는 식품관련 연구·검사기관 또는 같은 조 제3호에 따른 계열회사가 영업신고한 같은 업종의 영업소의 검사실에서 법 제31조제1항에 따른 자가품질검사를 하려는 경우
   마) 같은 영업자, 동일한 기업집단(「독점규제 및 공정거래에 관한 법률」 제2조제2호에 따른 기업집단을 말한다)에 속하는 식품관련 연구·검사기관 또는 영업자의 계열회사(같은 법 제2조제3호에 따른 계열회사를 말한다)가 영 제21조제1항제3호에 따른 식품첨가물제조업, 「축산물 위생관리법」 제21조제1항제3호에 따른 축산물가공업, 「건강기능식품에 관한 법률 시행령」 제2조제1호가목에 따른 건강기능식품전문제조업, 「약사법」 제31조제1항·제4항에 따른 의약품·의약외품을 제조하는 영업 또는 「화장품법」 제3조제1항에 따른 화장품의 전부 또는 일부를 제조하는 영업을 하면서 해당 영업소에 검사실 또는 시험실을 갖추고 법 제31조제1항에 따른 자가품질검사를 하려는 경우
  2) 검사실을 갖추는 경우에는 자가품질검사에 필요한 기계·기구 및 시약류를 갖추어야 한다.
 아. 운반시설
  식품을 운반하기 위한 차량, 운반도구 및 용기를 갖춘 경우 식품과 직접 접촉하는 부분의 재질은 인체에 무해하며 내수성·내부식성을 갖추어야 한다.
 자. 시설기준 적용의 특례

1) 선박에서 수산물을 제조·가공하는 경우에는 다음의 시설만 설비할 수 있다.
    가) 작업장
        작업장에서 발생하는 악취·유해가스·매연·증기 등을 환기시키는 시설을 갖추어야 한다.
    나) 창고 등의 시설 등
        냉동·냉장시설을 갖추어야 한다.
    다) 화장실
        수세식 화장실을 두어야 한다.
2) 식품제조·가공업자가 제조·가공시설 등이 부족한 경우에는 영 제21조 각 호에 따른 영업자, 「축산물 위생관리법」 제21조제1항제3호에 따른 축산물가공업의 영업자 또는 「건강기능식품에 관한 법률 시행령」 제2조제1호가목에 따른 건강기능식품전문제조업의 영업자에게 위탁하여 식품을 제조·가공할 수 있다.
3) 하나의 업소가 둘 이상의 업종의 영업을 할 경우 또는 둘 이상의 식품을 제조·가공하고자 할 경우로서 각각의 제품이 전부 또는 일부의 동일한 공정을 거쳐 생산되는 경우에는 그 공정에 사용되는 시설 및 작업장을 함께 쓸 수 있다. 이 경우 「축산물 위생관리법」 제22조에 따라 축산물가공업의 허가를 받은 업소, 「먹는물관리법」 제21조에 따라 먹는샘물제조업의 허가를 받은 업소, 「주세법」 제6조에 따라 주류제조의 면허를 받아 주류를 제조하는 업소 및 「건강기능식품에 관한 법률」 제5조에 따라 건강기능식품제조업의 허가를 받은 업소 및 「양곡관리법」 제19조에 따라 양곡가공업 등록을 한 업소의 시설 및 작업장도 또한 같다.
4) 「농업·농촌 및 식품산업 기본법」 제3조제2호에 따른 농업인, 같은 조 제4호에 따른 생산자단체, 「수산업·어촌 발전 기본법」 제3조제2호에 따른 수산인, 같은 조 제3호에 따른 어업인, 같은 조 제5호에 따른 생산자단체, 「농어업경영체 육성 및 지원에 관한 법률」 제16조에 따른 영농조합법인·영어조합법인 또는 같은 법 제19조에 따른 농업회사법인·어업회사법인이 국내산 농산물과 수산물을 주된 원료로 식품을 직접 제조·가공하는 영업과 「전통시장 및 상점가 육성을 위한 특별법」 제2조제1호에 따른 전통시장에서 식품을 제조·가공하는 영업에 대해서는 특별자치도지사·시장·군수·구청장은 그 시설기준을 따로 정할 수 있다.
5) 식품제조·가공업을 함께 영위하려는 의약품제조업자 또는 의약외품제조업자는 제조하는

Chapter 02 관련법령

의약품 또는 의약외품 중 내복용 제제가 식품에 전이될 우려가 없다고 식품의약품안전처장이 인정하는 경우에는 해당 의약품 또는 의약외품 제조시설을 식품제조·가공시설로 이용할 수 있다. 이 경우 식품제조·가공시설로 이용할 수 있는 기준 및 방법 등 세부사항은 식품의약품안전처장이 정하여 고시한다.

6) 「곤충산업의 육성 및 지원에 관한 법률」 제2조제3호에 따른 곤충농가가 곤충을 주된 원료로 하여 식품을 제조·가공하는 영업을 하려는 경우 특별자치시장·특별자치도지사·시장·군수·구청장은 그 시설기준을 따로 정할 수 있다.

2. 즉석판매제조·가공업의 시설기준

가. 건물의 위치 등

1) 독립된 건물이거나 즉석판매제조·가공 외의 용도로 사용되는 시설과 분리 또는 구획되어야 한다. 다만, 백화점 등 식품을 전문으로 취급하는 일정장소(식당가·식품매장 등을 말한다) 또는 일반음식점·휴게음식점·제과점 영업장과 직접 접한 장소에서 즉석판매제조·가공업의 영업을 하려는 경우, 「축산물 위생관리법」 제21조제7호가목에 따른 식육판매업소에서 식육을 이용하여 즉석판매제조·가공업의 영업을 하려는 경우 및 「건강기능식품에 관한 법률 시행령」 제2조제3호가목에 따른 건강기능식품일반판매업소에서 즉석판매제조·가공업의 영업을 하려는 경우로서 식품위생상 위해발생의 우려가 없다고 인정되는 경우에는 그러하지 아니하다.

2) 건물의 위치·구조 및 자재에 관하여는 1. 식품제조·가공업의 시설기준 중 가. 건물의 위치 등의 관련 규정을 준용한다.

나. 작업장

1) 식품을 제조·가공할 수 있는 기계·기구류 등이 설치된 제조·가공실을 두어야 한다. 다만, 식품제조·가공업 영업자가 제조·가공한 식품 또는 「수입식품안전관리 특별법」 제15조제1항에 따라 등록한 수입식품등 수입·판매업 영업자가 수입·판매한 식품을 소비자가 원하는 만큼 덜어서 판매하는 것만 하고, 식품의 제조·가공은 하지 아니하는 영업자인 경우에는 제조·가공실을 두지 아니할 수 있다.

2) 제조가공실의 시설 등에 관하여는 1. 식품제조·가공업의 시설기준 중 나. 작업장의 관련규정을 준용한다.

다. 식품취급시설 등

식품취급시설 등에 관하여는 1. 식품제조·가공업의 시설기준 중 다. 식품취급시설 등의 관련 규정을 준용한다.

라. 급수시설

급수시설은 1. 식품제조·가공업의 시설기준 중 라. 급수시설의 관련 규정을 준용한다. 다만, 인근에 수돗물이나 「먹는물관리법」 제5조에 따른 먹는물 수질기준에 적합한 지하수 등을 공급할 수 있는 시설이 있는 경우에는 이를 설치하지 아니할 수 있다.

마. 판매시설

식품을 위생적으로 유지·보관할 수 있는 진열·판매시설을 갖추어야 한다. 다만, 신고관청은 즉석판매제조·가공업의 영업자가 제조·가공하는 식품의 형태 및 판매 방식 등을 고려해 진열·판매의 필요성 및 식품위생에의 위해성이 모두 없다고 인정하는 경우에는 진열·판매시설의 설치를 생략하게 할 수 있다.

바. 화장실

1) 화장실을 작업장에 영향을 미치지 아니하는 곳에 설치하여야 한다.

2) 정화조를 갖춘 수세식 화장실을 설치하여야 한다. 다만, 상·하수도가 설치되지 아니한 지역에서는 수세식이 아닌 화장실을 설치할 수 있다.

3) 2)단서에 따라 수세식이 아닌 화장실을 설치하는 경우에는 변기의 뚜껑과 환기시설을 갖추어야 한다.

4) 공동화장실이 설치된 건물 안에 있는 업소 및 인근에 사용이 편리한 화장실이 있는 경우에는 따로 설치하지 아니할 수 있다.

사. 시설기준 적용의 특례

1) 「전통시장 및 상점가 육성을 위한 특별법」 제2조제1호에 따른 전통시장 또는 「관광진흥법 시행령」 제2조제1항제5호가목에 따른 종합유원시설업의 시설 안에서 이동판매형태의 즉석판매제조·가공업을 하려는 경우에는 특별자치시장·특별자치도지사·시장·군수·구청장이 그 시설기준을 따로 정할 수 있다.

2) 「도시와 농어촌 간의 교류촉진에 관한 법률」 제10조에 따라 농어촌체험·휴양마을사업자가 지역 농·수·축산물을 주재료로 이용한 식품을 제조·판매·가공하는 경우에는 특별자치시장·특별자치도지사·시장·군수·구청장이 그 시설기준을 따로 정할 수 있다.

Chapter 02 관련법령

    3) 지방자치단체의 장이 주최·주관 또는 후원하는 지역행사 등에서 즉석판매제조·가공업을 하려는 경우에는 특별자치시장·특별자치도지사·시장·군수·구청장이 그 시설기준을 따로 정할 수 있다.

    4) 지방자치단체 및 농림축산식품부장관이 인정한 생산자단체등에서 국내산 농·수·축산물을 주재료로 이용한 식품을 제조·판매·가공하는 경우에는 특별자치시장·특별자치도지사·시장·군수·구청장이 그 시설기준을 따로 정할 수 있다.

    5) 「전시산업발전법」 제2조제4호에 따른 전시시설 또는 「국제회의산업 육성에 관한 법률」 제2조제3호에 따른 국제회의시설에서 즉석판매제조·가공업을 하려는 경우에는 특별자치시장·특별자치도지사·시장·군수·구청장이 그 시설기준을 따로 정할 수 있다.

    6) 그 밖에 특별자치시장·특별자치도지사·시장·군수·구청장이 별도로 지정하는 장소에서 즉석판매제조·가공업을 하려는 경우에는 특별자치시장·특별자치도지사·시장·군수·구청장이 그 시설기준을 따로 정할 수 있다.

아. 삭제 <2017. 12. 29.>

자. 삭제 <2017. 12. 29.>

3. 식품첨가물제조업의 시설기준

식품제조·가공업의 시설기준을 준용한다. 다만, 건물의 위치·구조 및 작업장에 대하여는 신고관청이 위생상 위해발생의 우려가 없다고 인정하는 경우에는 그러하지 아니하다.

4. 식품운반업의 시설기준

가. 운반시설

    1) 냉동 또는 냉장시설을 갖춘 적재고(積載庫)가 설치된 운반 차량 또는 선박이 있어야 한다. 다만, 어패류에 식용얼음을 넣어 운반하는 경우와 냉동 또는 냉장시설이 필요 없는 식품만을 취급하는 경우에는 그러하지 아니하다.

    2) 냉동 또는 냉장시설로 된 적재고의 내부는 식품등의 기준 및 규격 중 운반식품의 보존 및 유통기준에 적합한 온도를 유지하여야 하며, 시설외부에서 내부의 온도를 알 수 있도록 온도계를 설치하여야 한다.

    3) 적재고는 혈액 등이 누출되지 아니하고 냄새를 방지할 수 있는 구조이어야 한다.

나. 세차시설

세차장은 「수질환경보전법」에 적합하게 전용세차장을 설치하여야 한다. 다만, 동일 영업자가 공동으로 세차장을 설치하거나 타인의 세차장을 사용계약한 경우에는 그러하지 아니하다.

다. 차고

식품운반용 차량을 주차시킬 수 있는 전용차고를 두어야 한다. 다만, 타인의 차고를 사용계약한 경우와 「화물자동차 운수사업법」 제55조에 따른 사용신고 대상이 아닌 자가용 화물자동차의 경우에는 그러하지 아니하다.

라. 사무소

영업활동을 위한 사무소를 두어야 한다. 다만, 영업활동에 지장이 없는 경우에는 다른 사무소를 함께 사용할 수 있고, 「화물자동차 운수사업법 시행령」 제3조제2호에 따른 개별화물자동차 운송사업의 영업자가 식품운반업을 하려는 경우에는 사무소를 두지 아니할 수 있다.

5. 식품소분·판매업의 시설기준

가. 공통시설기준

1) 작업장 또는 판매장(식품자동판매기영업 및 유통전문판매업을 제외한다)

가) 건물은 독립된 건물이거나 주거장소 또는 식품소분·판매업 외의 용도로 사용되는 시설과 분리 또는 구획되어야 한다.

나) 식품소분업의 소분실은 1. 식품제조·가공업의 시설기준 중 나. 작업장의 관련규정을 준용한다.

2) 급수시설(식품소분업 등 물을 사용하지 아니하는 경우를 제외한다)

수돗물이나 「먹는물관리법」 제5조에 따른 먹는 물의 수질기준에 적합한 지하수 등을 공급할 수 있는 시설을 갖추어야 한다.

3) 화장실(식품자동판매기영업을 제외한다)

가) 화장실은 작업장 및 판매장에 영향을 미치지 아니하는 곳에 설치하여야 한다.

나) 정화조를 갖춘 수세식 화장실을 설치하여야 한다. 다만, 상·하수도가 설치되지 아니한 지역에서는 수세식이 아닌 화장실을 설치할 수 있다.

다) 나)단서에 따라 수세식이 아닌 화장실을 설치한 경우에는 변기의 뚜껑과 환기시설을

Chapter 02 관련법령

갖추어야 한다.

라) 공동화장실이 설치된 건물 안에 있는 업소 및 인근에 사용이 편리한 화장실이 있는 경우에는 따로 화장실을 설치하지 아니할 수 있다.

4) 공통시설기준의 적용특례

지방자치단체 및 농림축산식품부장관이 인정한 생산자단체 등에서 국내산 농·수·축산물의 판매촉진 및 소비홍보 등을 위하여 14일 이내의 기간에 한하여 특정장소에서 농·수·축산물의 판매행위를 하려는 경우에는 공통시설기준에 불구하고 특별자치도지사·시장·군수·구청장(시·도에서 농·수·축산물의 판매행위를 하는 경우에는 시·도지사)이 시설기준을 따로 정할 수 있다.

나. 업종별 시설기준

1) 식품소분업

가) 식품등을 소분·포장할 수 있는 시설을 설치하여야 한다.

나) 소분·포장하려는 제품과 소분·포장한 제품을 보관할 수 있는 창고를 설치하여야 한다.

2) 식용얼음판매업

가) 판매장은 얼음을 저장하는 창고와 취급실이 구획되어야 한다.

나) 취급실의 바닥은 타일·콘크리트 또는 두꺼운 목판자 등으로 설비하여야 하고, 배수가 잘 되어야 한다.

다) 판매장의 주변은 배수가 잘 되어야 한다.

라) 배수로에는 덮개를 설치하여야 한다.

마) 얼음을 저장하는 창고에는 보기 쉬운 곳에 온도계를 비치하여야 한다.

바) 소비자에게 배달판매를 하려는 경우에는 위생적인 용기가 있어야 한다.

3) 식품자동판매기영업

가) 식품자동판매기(이하 "자판기"라 한다)는 위생적인 장소에 설치하여야 하며, 옥외에 설치하는 경우에는 비·눈·직사광선으로부터 보호되는 구조이어야 한다.

나) 더운 물을 필요로 하는 제품의 경우에는 제품의 음용온도는 68℃ 이상이 되도록 하여야 하고, 자판기 내부에는 살균등(더운 물을 필요로 하는 경우를 제외한다)·정수기 및 온도계가 부착되어야 한다. 다만, 물을 사용하지 않는 경우는 제외한다.

다) 자판기 안의 물탱크는 내부청소가 쉽도록 뚜껑을 설치하고 녹이 슬지 아니하는 재질

을 사용하여야 한다.

라) 삭제 <2011.8.19>

4) 유통전문판매업

가) 영업활동을 위한 독립된 사무소가 있어야 한다. 다만, 영업활동에 지장이 없는 경우에는 다른 사무소를 함께 사용할 수 있다.

나) 식품을 위생적으로 보관할 수 있는 창고를 갖추어야 한다. 이 경우 보관창고는 영업신고를 한 영업소의 소재지와 다른 곳에 설치하거나 임차하여 사용할 수 있다.

다) 상시 운영하는 반품·교환품의 보관시설을 두어야 한다.

5) 집단급식소 식품판매업

가) 사무소

영업활동을 위한 독립된 사무소가 있어야 한다. 다만, 영업활동에 지장이 없는 경우에는 다른 사무소를 함께 사용할 수 있다.

나) 작업장

(1) 식품을 선별·분류하는 작업은 항상 찬 곳(0~18°C)에서 할 수 있도록 하여야 한다.

(2) 작업장은 식품을 위생적으로 보관하거나 선별 등의 작업을 할 수 있도록 독립된 건물이거나 다른 용도로 사용되는 시설과 분리되어야 한다.

(3) 작업장 바닥은 콘크리트 등으로 내수처리를 하여야 하고, 물이 고이거나 습기가 차지 아니하게 하여야 한다.

(4) 작업장에는 쥐, 바퀴 등 해충이 들어오지 못하게 하여야 한다.

(5) 작업장에서 사용하는 칼, 도마 등 조리기구는 육류용과 채소용 등 용도별로 구분하여 그 용도로만 사용하여야 한다.

(6) 신고관청은 집단급식소 식품판매업의 영업자가 판매하는 식품 형태 및 판매 방식 등을 고려해 작업장의 필요성과 식품위생에의 위해성이 모두 없다고 인정하는 경우에는 작업장의 설치를 생략하게 할 수 있다.

다) 창고 등 보관시설

(1) 식품등을 위생적으로 보관할 수 있는 창고를 갖추어야 한다. 이 경우 창고는 영업신고를 한 소재지와 다른 곳에 설치하거나 임차하여 사용할 수 있다.

(2) 창고에는 식품의약품안전처장이 정하는 보존 및 유통기준에 적합한 온도에서 보

Chapter 02 관련법령

관할 수 있도록 냉장시설 및 냉동시설을 갖추어야 한다. 다만, 창고에서 냉장처리나 냉동처리가 필요하지 아니한 식품을 처리하는 경우에는 냉장시설 또는 냉동시설을 갖추지 아니하여도 된다.

(3) 서로 오염원이 될 수 있는 식품을 보관·운반하는 경우 구분하여 보관·운반하여야 한다.

라) 운반차량

(1) 식품을 위생적으로 운반하기 위하여 냉동시설이나 냉장시설을 갖춘 적재고가 설치된 운반차량을 1대 이상 갖추어야 한다. 다만, 법 제37조에 따라 허가, 신고 또는 등록한 영업자와 계약을 체결하여 냉동 또는 냉장시설을 갖춘 운반차량을 이용하는 경우에는 운반차량을 갖추지 아니하여도 된다.

(2) (1)의 규정에도 불구하고 냉동 또는 냉장시설이 필요 없는 식품만을 취급하는 경우에는 운반차량에 냉동시설이나 냉장시설을 갖춘 적재고를 설치하지 아니하여도 된다.

6) 삭제 <2016.2.4.>

7) 기타식품판매업

가) 냉동시설 또는 냉장고·진열대 및 판매대를 설치하여야 한다. 다만, 냉장·냉동 보관 및 유통을 필요로 하지 않는 제품을 취급하는 경우는 제외한다.

나) 삭제 <2012.1.17>

6. 식품보존업의 시설기준

가. 식품조사처리업

원자력관계법령에서 정한 시설기준에 적합하여야 한다.

나. 식품냉동·냉장업

1) 작업장은 독립된 건물이거나 다른 용도로 사용되는 시설과 분리되어야 한다. 다만, 다음 각 호의 어느 하나에 해당하는 경우에는 그러하지 아니할 수 있다.

가) 밀봉 포장된 식품과 밀봉 포장된 축산물(「축산물 위생관리법」 제2조제2호에 따른 축산물을 말한다)을 같은 작업장에 구분하여 보관하는 경우

나) 「수입식품안전관리 특별법」 제15조제1항에 따라 등록한 수입식품등 보관업의 시설과

함께 사용하는 작업장의 경우

2) 작업장에는 적하실(積下室)·냉동예비실·냉동실 및 냉장실이 있어야 하고, 각각의 시설은 분리 또는 구획되어야 한다. 다만, 냉동을 하지 아니할 경우에는 냉동예비실과 냉동실을 두지 아니할 수 있다.

3) 작업장의 바닥은 콘크리트 등으로 내수처리를 하여야 하고, 물이 고이거나 습기가 차지 아니하도록 하여야 한다.

4) 냉동예비실·냉동실 및 냉장실에는 보기 쉬운 곳에 온도계를 비치하여야 한다.

5) 작업장에는 작업장 안에서 발생하는 악취·유해가스·매연·증기 등을 배출시키기 위한 환기시설을 갖추어야 한다.

6) 작업장에는 쥐·바퀴 등 해충이 들어오지 못하도록 하여야 한다.

7) 상호오염원이 될 수 있는 식품을 보관하는 경우에는 서로 구별할 수 있도록 하여야 한다.

8) 작업장 안에서 사용하는 기구 및 용기·포장 중 식품에 직접 접촉하는 부분은 씻기 쉬우며, 살균소독이 가능한 것이어야 한다.

9) 수돗물이나 「먹는물관리법」 제5조에 따른 먹는 물의 수질기준에 적합한 지하수 등을 공급할 수 있는 시설을 갖추어야 한다.

10) 화장실을 설치하여야 하며, 화장실의 시설은 2. 즉석판매제조·가공업의 시설기준 중 바. 화장실의 관련규정을 준용한다.

7. 용기·포장류 제조업의 시설기준

식품제조·가공업의 시설기준을 준용한다. 다만, 신고관청이 위생상 위해발생의 우려가 없다고 인정하는 경우에는 그러하지 아니하다.

8. 식품접객업의 시설기준

가. 공통시설기준

1) 영업장

가) 독립된 건물이거나 식품접객업의 영업허가를 받거나 영업신고를 한 업종 외의 용도로 사용되는 시설과 분리, 구획 또는 구분되어야 한다(일반음식점에서 「축산물위생관리법 시행령」 제21조제7호가목의 식육판매업을 하려는 경우, 휴게음식점에서 「음악산업

Chapter 02   관련법령

진흥에 관한 법률」 제2조제10호에 따른 음반·음악영상물판매업을 하는 경우 및 관할 세무서장의 의제 주류판매 면허를 받고 제과점에서 영업을 하는 경우는 제외한다). 다만, 다음의 어느 하나에 해당하는 경우에는 분리되어야 한다.

  (1) 식품접객업의 영업허가를 받거나 영업신고를 한 업종과 다른 식품접객업의 영업을 하려는 경우. 다만, 휴게음식점에서 일반음식점영업 또는 제과점영업을 하는 경우, 일반음식점에서 휴게음식점영업 또는 제과점영업을 하는 경우 또는 제과점에서 휴게음식점영업 또는 일반음식점영업을 하는 경우는 제외한다.

  (2) 「음악산업진흥에 관한 법률」 제2조제13호의 노래연습장업을 하려는 경우

  (3) 「다중이용업소의 안전관리에 관한 특별법 시행규칙」 제2조제3호의 콜라텍업을 하려는 경우

  (4) 「체육시설의 설치·이용에 관한 법률」 제10조제1항제2호에 따른 무도학원업 또는 무도장업을 하려는 경우

  (5) 「동물보호법」 제2조제1호에 따른 동물의 출입, 전시 또는 사육이 수반되는 영업을 하려는 경우

나) 영업장은 연기·유해가스등의 환기가 잘 되도록 하여야 한다.

다) 음향 및 반주시설을 설치하는 영업자는 「소음·진동관리법」 제21조에 따른 생활소음·진동이 규제기준에 적합한 방음장치 등을 갖추어야 한다.

라) 공연을 하려는 휴게음식점·일반음식점 및 단란주점의 영업자는 무대시설을 영업장 안에 객석과 구분되게 설치하되, 객실 안에 설치하여서는 아니 된다.

마) 「동물보호법」 제2조제1호에 따른 동물의 출입, 전시 또는 사육이 수반되는 시설과 직접 접한 영업장의 출입구에는 손을 소독할 수 있는 장치, 용품 등을 갖추어야 한다.

2) 조리장

가) 조리장은 손님이 그 내부를 볼 수 있는 구조로 되어 있어야 한다. 다만, 영 제21조제8호바목에 따른 제과점영업소로서 같은 건물 안에 조리장을 설치하는 경우와 「관광진흥법 시행령」 제2조제1항제2호가목 및 같은 항 제3호마목에 따른 관광호텔업 및 관광공연장업의 조리장의 경우에는 그러하지 아니하다.

나) 바닥에 배수구가 있는 경우에는 덮개를 설치하여야 한다.

다) 조리장 안에는 취급하는 음식을 위생적으로 조리하기 위하여 필요한 조리시설·세척시

설·폐기물용기 및 손 씻는 시설을 각각 설치하여야 하고, 폐기물용기는 오물·악취 등이 누출되지 아니하도록 뚜껑이 있고 내수성 재질로 된 것이어야 한다.
라) 1명의 영업자가 하나의 조리장을 둘 이상의 영업에 공동으로 사용할 수 있는 경우는 다음과 같다.
(1) 같은 건물 내에서 휴게음식점, 제과점, 일반음식점 및 즉석판매제조·가공업의 영업 중 둘 이상의 영업을 하려는 경우
(2) 「관광진흥법 시행령」에 따른 전문휴양업, 종합휴양업 및 유원시설업 시설 안의 같은 장소에서 휴게음식점·제과점영업 또는 일반음식점영업 중 둘 이상의 영업을 하려는 경우
(3) 삭제 <2017. 12. 29.>
(4) 제과점 영업자가 식품제조·가공업 또는 즉석판매제조·가공업의 제과·제빵류 품목 등을 제조·가공하려는 경우
(5) 제과점영업자가 다음의 구분에 따라 둘 이상의 제과점영업을 하는 경우
(가) 기존 제과점의 영업신고관청과 같은 관할 구역에서 제과점영업을 하는 경우
(나) 기존 제과점의 영업신고관청과 다른 관할 구역에서 제과점영업을 하는 경우로서 제과점 간 거리가 5킬로미터 이내인 경우
마) 조리장에는 주방용 식기류를 소독하기 위한 자외선 또는 전기살균소독기를 설치하거나 열탕세척소독시설(식중독을 일으키는 병원성 미생물 등이 살균될 수 있는 시설이어야 한다. 이하 같다)을 갖추어야 한다. 다만, 주방용 식기류를 기구등의 살균·소독제로만 소독하는 경우에는 그러하지 아니하다.
바) 충분한 환기를 시킬 수 있는 시설을 갖추어야 한다. 다만, 자연적으로 통풍이 가능한 구조의 경우에는 그러하지 아니하다.
사) 식품등의 기준 및 규격 중 식품별 보존 및 유통기준에 적합한 온도가 유지될 수 있는 냉장시설 또는 냉동시설을 갖추어야 한다.

3) 급수시설
가) 수돗물이나 「먹는물관리법」 제5조에 따른 먹는 물의 수질기준에 적합한 지하수 등을 공급할 수 있는 시설을 갖추어야 한다.
나) 지하수를 사용하는 경우 취수원은 화장실·폐기물처리시설·동물사육장, 그 밖에 지하

Chapter 02 관련법령

수가 오염될 우려가 있는 장소로부터 영향을 받지 아니하는 곳에 위치하여야 한다.

4) 화장실

　가) 화장실은 콘크리트 등으로 내수처리를 하여야 한다. 다만, 공중화장실이 설치되어 있는 역·터미널·유원지 등에 위치하는 업소, 공동화장실이 설치된 건물 안에 있는 업소 및 인근에 사용하기 편리한 화장실이 있는 경우에는 따로 화장실을 설치하지 아니할 수 있다.

　나) 화장실은 조리장에 영향을 미치지 아니하는 장소에 설치하여야 한다.

　다) 정화조를 갖춘 수세식 화장실을 설치하여야 한다. 다만, 상·하수도가 설치되지 아니한 지역에서는 수세식이 아닌 화장실을 설치할 수 있다.

　라) 다)단서에 따라 수세식이 아닌 화장실을 설치하는 경우에는 변기의 뚜껑과 환기시설을 갖추어야 한다.

　마) 화장실에는 손을 씻는 시설을 갖추어야 한다.

5) 공통시설기준의 적용특례

　가) 공통시설기준에도 불구하고 다음의 경우에는 특별자치시장·특별자치도지사·시장·군수·구청장(시·도에서 음식물의 조리·판매행위를 하는 경우에는 시·도지사)이 시설기준을 따로 정할 수 있다.

　　(1) 「전통시장 및 상점가 육성을 위한 특별법」 제2조제1호에 따른 전통시장에서 음식점영업을 하는 경우

　　(2) 해수욕장 등에서 계절적으로 음식점영업을 하는 경우

　　(3) 고속도로·자동차전용도로·공원·유원시설 등의 휴게장소에서 영업을 하는 경우

　　(4) 건설공사현장에서 영업을 하는 경우

　　(5) 지방자치단체 및 농림축산식품부장관이 인정한 생산자단체등에서 국내산 농·수·축산물의 판매촉진 및 소비홍보 등을 위하여 특정장소에서 음식물의 조리·판매행위를 하려는 경우

　　(6) 「전시산업발전법」 제2조제4호에 따른 전시시설에서 휴게음식점영업, 일반음식점영업 또는 제과점영업을 하는 경우

　　(7) 지방자치단체의 장이 주최, 주관 또는 후원하는 지역행사 등에서 휴게음식점영업, 일반음식점영업 또는 제과점영업을 하는 경우

(8) 「국제회의산업 육성에 관한 법률」 제2조제3호에 따른 국제회의시설에서 휴게음식점, 일반음식점, 제과점 영업을 하려는 경우

(9) 그 밖에 특별자치시장·특별자치도지사·시장·군수·구청장이 별도로 지정하는 장소에서 휴게음식점, 일반음식점, 제과점 영업을 하려는 경우

나) 「도시와 농어촌 간의 교류촉진에 관한 법률」 제10조에 따라 농어촌체험·휴양마을사업자가 농어촌체험·휴양프로그램에 부수하여 음식을 제공하는 경우로서 그 영업시설기준을 따로 정한 경우에는 그 시설기준에 따른다.

다) 백화점, 슈퍼마켓 등에서 휴게음식점영업 또는 제과점영업을 하려는 경우와 음식물을 전문으로 조리하여 판매하는 백화점 등의 일정장소(식당가를 말한다)에서 휴게음식점영업·일반음식점영업 또는 제과점영업을 하려는 경우로서 위생상 위해발생의 우려가 없다고 인정되는 경우에는 각 영업소와 영업소 사이를 분리 또는 구획하는 별도의 차단벽이나 칸막이 등을 설치하지 아니할 수 있다.

라) 「관광진흥법」 제70조에 따라 시·도지사가 지정한 관광특구에서 휴게음식점영업, 일반음식점영업 또는 제과점영업을 하는 경우에는 영업장 신고면적에 포함되어 있지 아니한 옥외시설에서 해당 영업별 식품을 제공할 수 있다. 이 경우 옥외시설의 기준에 관한 사항은 시장·군수 또는 구청장이 따로 정하여야 한다.

마) 「관광진흥법」 제3조제1항제2호가목의 호텔업을 영위하는 장소 또는 시·도지사 또는 시장·군수·구청장이 별도로 지정하는 장소에서 휴게음식점영업, 일반음식점영업 또는 제과점영업을 하는 경우에는 공통시설기준에도 불구하고 시장·군수 또는 구청장이 시설기준 등을 따로 정하여 영업장 신고면적 외 옥외 등에서 음식을 제공할 수 있다.

나. 업종별시설기준

1) 휴게음식점영업·일반음식점영업 및 제과점영업

가) 일반음식점에 객실(투명한 칸막이 또는 투명한 차단벽을 설치하여 내부가 전체적으로 보이는 경우는 제외한다)을 설치하는 경우 객실에는 잠금장치를 설치할 수 없다.

나) 휴게음식점 또는 제과점에는 객실(투명한 칸막이 또는 투명한 차단벽을 설치하여 내부가 전체적으로 보이는 경우는 제외한다)을 둘 수 없으며, 객석을 설치하는 경우 객석에는 높이 1.5미터 미만의 칸막이(이동식 또는 고정식)를 설치할 수 있다. 이 경우 2면 이상을 완전히 차단하지 아니하여야 하고, 다른 객석에서 내부가 서로 보이도록 하여야 한다.

Chapter 02   관련법령

다) 기차·자동차·선박 또는 수상구조물로 된 유선장(遊船場)·도선장(渡船場) 또는 수상레저사업장을 이용하는 경우 다음 시설을 갖추어야 한다.
 (1) 1일의 영업시간에 사용할 수 있는 충분한 양의 물을 저장할 수 있는 내구성이 있는 식수탱크
 (2) 1일의 영업시간에 발생할 수 있는 음식물 찌꺼기 등을 처리하기에 충분한 크기의 오물통 및 폐수탱크
 (3) 음식물의 재료(원료)를 위생적으로 보관할 수 있는 시설

라) 영업장으로 사용하는 바닥면적(「건축법 시행령」 제119조제1항제3호에 따라 산정한 면적을 말한다)의 합계가 100제곱미터(영업장이 지하층에 설치된 경우에는 그 영업장의 바닥면적 합계가 66제곱미터) 이상인 경우에는 「다중이용업소의 안전관리에 관한 특별법」 제9조제1항에 따른 소방시설등 및 영업장 내부 피난통로 그 밖의 안전시설을 갖추어야 한다. 다만, 영업장(내부계단으로 연결된 복층구조의 영업장을 제외한다)이 지상 1층 또는 지상과 직접 접하는 층에 설치되고 그 영업장의 주된 출입구가 건축물 외부의 지면과 직접 연결되는 곳에서 하는 영업을 제외한다.

마) 휴게음식점·일반음식점 또는 제과점의 영업장에는 손님이 이용할 수 있는 자막용 영상장치 또는 자동반주장치를 설치하여서는 아니 된다. 다만, 연회석을 보유한 일반음식점에서 회갑연, 칠순연 등 가정의 의례로서 행하는 경우에는 그러하지 아니하다.

바) 일반음식점의 객실 안에는 무대장치, 음향 및 반주시설, 우주볼 등의 특수조명시설을 설치하여서는 아니 된다.

사) 삭제 <2012.12.17>

2) 단란주점영업
 가) 영업장 안에 객실이나 칸막이를 설치하려는 경우에는 다음 기준에 적합하여야 한다.
  (1) 객실을 설치하는 경우 주된 객장의 중앙에서 객실 내부가 전체적으로 보일 수 있도록 설비하여야 하며, 통로형태 또는 복도형태로 설비하여서는 아니 된다.
  (2) 객실로 설치할 수 있는 면적은 객석면적의 2분의 1을 초과할 수 없다.
  (3) 주된 객장 안에서는 높이 1.5미터 미만의 칸막이(이동식 또는 고정식)를 설치할 수 있다. 이 경우 2면 이상을 완전히 차단하지 아니하여야 하고, 다른 객석에서 내부가 서로 보이도록 하여야 한다.

나) 객실에는 잠금장치를 설치할 수 없다.

다) 「다중이용업소의 안전관리에 관한 특별법」 제9조제1항에 따른 소방시설등 및 영업장 내부 피난통로 그 밖의 안전시설을 갖추어야 한다.

3) 유흥주점영업

가) 객실에는 잠금장치를 설치할 수 없다.

나) 「다중이용업소의 안전관리에 관한 특별법」 제9조제1항에 따른 소방시설등 및 영업장 내부 피난통로 그 밖의 안전시설을 갖추어야 한다.

9. 위탁급식영업의 시설기준

가) 사무소

영업활동을 위한 독립된 사무소가 있어야 한다. 다만, 영업활동에 지장이 없는 경우에는 다른 사무소를 함께 사용할 수 있다.

나) 창고 등 보관시설

(1) 식품등을 위생적으로 보관할 수 있는 창고를 갖추어야 한다. 이 경우 창고는 영업신고를 한 소재지와 다른 곳에 설치하거나 임차하여 사용할 수 있다.

(2) 창고에는 식품등을 법 제7조제1항에 따른 식품등의 기준 및 규격에서 정하고 있는 보존 및 유통기준에 적합한 온도에서 보관할 수 있도록 냉장·냉동시설을 갖추어야 한다.

다) 운반시설

(1) 식품을 위생적으로 운반하기 위하여 냉동시설이나 냉장시설을 갖춘 적재고가 설치된 운반차량을 1대 이상 갖추어야 한다. 다만, 법 제37조에 따라 허가 또는 신고한 영업자와 계약을 체결하여 냉동 또는 냉장시설을 갖춘 운반차량을 이용하는 경우에는 운반차량을 갖추지 아니하여도 된다.

(2) (1)의 규정에도 불구하고 냉동 또는 냉장시설이 필요 없는 식품만을 취급하는 경우에는 운반차량에 냉동시설이나 냉장시설을 갖춘 적재고를 설치하지 아니하여도 된다.

라) 식재료 처리시설

식품첨가물이나 다른 원료를 사용하지 아니하고 농·임·수산물을 단순히 자르거나 껍

Chapter 02 관련법령

질을 벗기거나 말리거나 소금에 절이거나 숙성하거나 가열(살균의 목적 또는 성분의 현격한 변화를 유발하기 위한 목적의 경우를 제외한다)하는 등의 가공과정 중 위생상 위해발생의 우려가 없고 식품의 상태를 관능검사로 확인할 수 있도록 가공하는 경우 그 재료처리시설의 기준은 제1호나목부터 마목까지의 규정을 준용한다.

마) 나)부터 라)까지의 시설기준에도 불구하고 집단급식소의 창고 등 보관시설 및 식재료 처리시설을 이용하는 경우에는 창고 등 보관시설과 식재료 처리시설을 설치하지 아니할 수 있으며, 위탁급식업자가 식품을 직접 운반하지 않는 경우에는 운반시설을 갖추지 아니할 수 있다.

■ 식품위생법 시행규칙 [별표 17] <개정 2020. 10. 16.>

식품접객업영업자 등의 준수사항(제57조 관련)

1. 식품제조·가공업자 및 식품첨가물제조업자와 그 종업원의 준수사항
    가. 생산 및 작업기록에 관한 서류와 원료의 입고·출고·사용에 대한 원료수불 관계 서류를 작성하되 이를 거짓으로 작성해서는 안된다. 이 경우 해당 서류는 최종 기재일부터 3년간 보관하여야 한다.
    나. 식품제조·가공업자는 제품의 거래기록을 작성하여야 하고, 최종 기재일부터 3년간 보관하여야 한다.
    다. 유통기한이 경과된 제품·식품 또는 그 원재료를 제조·가공·판매의 목적으로 운반·진열·보관(대리점으로 하여금 진열·보관하게 하는 경우를 포함한다)하거나 이를 판매(대리점으로 하여금 판매하게 하는 경우를 포함한다) 또는 식품의 제조·가공에 사용해서는 안 되며, 해당 제품·식품 또는 그 원재료를 진열·보관할 때에는 폐기용 또는 교육용이라는 표시를 명확하게 해야 한다.
    라. 삭제 <2019. 4. 25.>
    마. 식품제조·가공업자는 장난감 등을 식품과 함께 포장하여 판매하는 경우 장난감 등이 식품의 보관·섭취에 사용되는 경우를 제외하고는 식품과 구분하여 별도로 포장하여야 한다. 이 경우 장난감 등은 「품질경영 및 공산품안전관리법」 제14조제3항에 따른 제품검사의 안전기준에 적합한 것이어야 한다.
    바. 식품제조·가공업자 또는 식품첨가물제조업자는 별표 14 제1호자목2) 또는 제3호에 따라 식품제조·가공업 또는 식품첨가물제조업의 영업등록을 한 자에게 위탁하여 식품 또는 식품첨가물을 제조·가공하는 경우에는 위탁한 그 제조·가공업자에 대하여 반기별 1회 이상 위생관리상태 등을 점검하여야 한다. 다만, 위탁하려는 식품과 동일한 식품에 대하여 법 제48조에 따라 식품안전관리인증기준적용업소로 인증받거나 「어린이 식생활안전관리 특별법」 제14조에 따라 품질인증을 받은 영업자에게 위탁하는 경우는 제외한다.
    사. 식품제조·가공업자 및 식품첨가물제조업자는 이물이 검출되지 아니하도록 필요한 조치를 하

Chapter 02   관련법령

여야 하고, 소비자로부터 이물 검출 등 불만사례 등을 신고 받은 경우 그 내용을 기록하여 2년간 보관하여야 하며, 이 경우 소비자가 제시한 이물과 증거품(사진, 해당 식품 등을 말한다)은 6개월간 보관하여야 한다. 다만, 부패하거나 변질될 우려가 있는 이물 또는 증거품은 2개월간 보관할 수 있다.

아. 식품제조·가공업자는 「식품 등의 표시·광고에 관한 법률」 제4조 및 제5조에 따른 표시사항을 모두 표시하지 않은 축산물, 「축산물 위생관리법」 제7조제1항을 위반하여 허가받지 않은 작업장에서 도축·집유·가공·포장 또는 보관된 축산물, 같은 법 제12조제1항·제2항에 따른 검사를 받지 않은 축산물, 같은 법 제22조에 따른 영업 허가를 받지 아니한 자가 도축·집유·가공·포장 또는 보관된 축산물 또는 같은 법 제33조제1항에 따른 축산물 또는 실험 등의 용도로 사용한 동물을 식품의 제조 또는 가공에 사용하여서는 아니 된다.

자. 수돗물이 아닌 지하수 등을 먹는 물 또는 식품의 제조·가공 등에 사용하는 경우에는 「먹는물관리법」 제43조에 따른 먹는 물 수질검사기관에서 1년(음료류 등 마시는 용도의 식품인 경우에는 6개월)마다 「먹는물관리법」 제5조에 따른 먹는 물의 수질기준에 따라 검사를 받아 마시기에 적합하다고 인정된 물을 사용하여야 한다.

차. 삭제 <2019. 4. 25.>

카. 법 제15조제2항에 따라 위해평가가 완료되기 전까지 일시적으로 금지된 제품에 대하여는 이를 제조·가공·유통·판매하여서는 아니 된다.

타. 식품제조·가공업자가 자신의 제품을 만들기 위하여 수입한 반가공 원료 식품 및 용기·포장과 「대외무역법」에 따른 외화획득용 원료로 수입한 식품등을 부패하거나 변질되어 또는 유통기한이 경과하여 폐기한 경우에는 이를 증명하는 자료를 작성하고, 최종 작성일부터 2년간 보관하여야 한다.

파. 법 제47조제1항에 따라 우수업소로 지정받은 자 외의 자는 우수업소로 오인·혼동할 우려가 있는 표시를 하여서는 아니 된다.

하. 법 제31조제1항에 따라 자가품질검사를 하는 식품제조·가공업자 또는 식품첨가물제조업자는 검사설비에 검사 결과의 변경 시 그 변경내용이 기록·저장되는 시스템을 설치·운영하여야 한다.

거. 초산($C_2H_4O_2$) 함량비율이 99% 이상인 빙초산을 제조하는 식품첨가물제조업자는 빙초산에 「품질경영 및 공산품안전관리법」 제2조제11호에 따른 어린이보호포장을 하여야 한다.

2. 즉석판매제조·가공업자와 그 종업원의 준수사항

가. 제조·가공한 식품을 판매를 목적으로 하는 사람에게 판매하여서는 아니 되며, 다음의 어느 하나에 해당하는 방법으로 배달하는 경우를 제외하고는 영업장 외의 장소에서 판매하여서는 아니 된다.

　1) 영업자나 그 종업원이 최종소비자에게 직접 배달하는 경우

　2) 식품의약품안전처장이 정하여 고시하는 기준에 따라 우편 또는 택배 등의 방법으로 최종소비자에게 배달하는 경우

나. 손님이 보기 쉬운 곳에 가격표를 붙여야 하며, 가격표대로 요금을 받아야 한다.

다. 영업신고증을 업소 안에 보관하여야 한다.

라. 「식품 등의 표시·광고에 관한 법률」 제4조 및 제5조에 따른 표시사항을 모두 표시하지 않은 축산물, 「축산물 위생관리법」 제7조제1항을 위반하여 허가받지 않은 작업장에서 도축·집유·가공·포장 또는 보관된 축산물, 같은 법 제12조제1항·제2항에 따른 검사를 받지 않은 축산물, 같은 법 제22조에 따른 영업 허가를 받지 아니한 자가 도축·집유·가공·포장 또는 보관된 축산물 또는 같은 법 제33조제1항에 따른 축산물 또는 실험 등의 용도로 사용한 동물은 식품의 제조·가공에 사용하여서는 아니 된다.

마. 「야생생물 보호 및 관리에 관한 법률」을 위반하여 포획한 야생동물은 이를 식품의 제조·가공에 사용하여서는 아니 된다.

바. 유통기한이 경과된 제품·식품 또는 그 원재료를 제조·가공·판매의 목적으로 운반·진열·보관하거나 이를 판매 또는 식품의 제조·가공에 사용해서는 안 되며, 해당 제품·식품 또는 그 원재료를 진열·보관할 때에는 폐기용 또는 교육용이라는 표시를 명확하게 해야 한다.

사. 수돗물이 아닌 지하수 등을 먹는 물 또는 식품의 조리·세척 등에 사용하는 경우에는 「먹는물관리법」 제43조에 따른 먹는 물 수질검사기관에서 다음의 검사를 받아 마시기에 적합하다고 인정된 물을 사용하여야 한다. 다만, 둘 이상의 업소가 같은 건물에서 같은 수원(水原)을 사용하는 경우에는 하나의 업소에 대한 시험결과로 해당 업소에 대한 검사에 갈음할 수 있다.

　1) 일부항목 검사 : 1년마다(모든 항목 검사를 하는 연도의 경우는 제외한다) 「먹는물 수질기준 및 검사 등에 관한 규칙」 제4조제1항제2호에 따른 마을상수도의 검사기준에 따른 검사(잔류염소검사를 제외한다). 다만, 시·도지사가 오염의 염려가 있다고 판단하여 지정한 지역에서는 같은 규칙 제2조에 따른 먹는 물의 수질기준에 따른 검사를 하여야 한다.

Chapter 02 관련법령

2) 모든 항목 검사 : 2년마다 「먹는물 수질기준 및 검사 등에 관한 규칙」 제2조에 따른 먹는 물의 수질기준에 따른 검사

아. 법 제15조제2항에 따라 위해평가가 완료되기 전까지 일시적으로 금지된 식품등을 제조·가공·판매하여서는 아니 된다.

3. **식품소분·판매(식품자동판매기영업 및 집단급식소 식품판매업은 제외한다)·운반업자와 그 종업원의 준수사항**

가. 영업자간의 거래에 관하여 식품의 거래기록(전자문서를 포함한다)을 작성하고, 최종 기재일부터 2년 동안 이를 보관하여야 한다.

나. 영업허가증 또는 신고증을 영업소 안에 보관하여야 한다.

다. 수돗물이 아닌 지하수 등을 먹는 물 또는 식품의 조리·세척 등에 사용하는 경우에는 「먹는물관리법」 제43조에 따른 먹는 물 수질검사기관에서 다음의 구분에 따라 검사를 받아 마시기에 적합하다고 인정된 물을 사용하여야 한다. 다만, 같은 건물에서 같은 수원을 사용하는 경우에는 하나의 업소에 대한 시험결과로 갈음할 수 있다.

1) 일부항목 검사 : 1년마다(모든 항목 검사를 하는 연도의 경우를 제외한다) 「먹는물 수질기준 및 검사 등에 관한 규칙」 제4조제1항제2호에 따른 마을 상수도의 검사기준에 따른 검사(잔류염소검사를 제외한다). 다만, 시·도지사가 오염의 염려가 있다고 판단하여 지정한 지역에서는 같은 규칙 제2조에 따른 먹는 물의 수질기준에 따른 검사를 하여야 한다.

2) 모든 항목 검사 : 2년마다 「먹는물 수질기준 및 검사 등에 관한 규칙」 제2조에 따른 먹는 물의 수질기준에 따른 검사

라. 삭제 <2019. 4. 25.>

마. 식품판매업자는 제1호마목을 위반한 식품을 판매하여서는 아니 된다.

바. 삭제 <2016.2.4.>

사. 식품운반업자는 운반차량을 이용하여 살아있는 동물을 운반하여서는 아니 되며, 운반목적 외에 운반차량을 사용하여서는 아니 된다.

아. 「식품 등의 표시·광고에 관한 법률」 제4조 및 제5조에 따른 표시사항을 모두 표시하지 않은 축산물, 「축산물 위생관리법」 제7조제1항을 위반하여 허가받지 않은 작업장에서 도축·집유·가공·포장 또는 보관된 축산물, 같은 법 제12조제1항·제2항에 따른 검사를 받지 않은 축산물,

같은 법 제22조에 따른 영업 허가를 받지 아니한 자가 도축·집유·가공·포장 또는 보관된 축산물 또는 같은 법 제33조제1항에 따른 축산물 또는 실험 등의 용도로 사용한 동물은 운반·보관·진열 또는 판매하여서는 아니 된다.

자. 유통기한이 경과된 제품·식품 또는 그 원재료를 판매의 목적으로 소분·운반·진열·보관하거나 이를 판매해서는 안 되며, 해당 제품·식품 또는 그 원재료를 진열·보관할 때에는 폐기용 또는 교육용이라는 표시를 명확하게 해야 한다.

차. 식품판매영업자는 즉석판매제조·가공영업자가 제조·가공한 식품을 진열·판매하여서는 아니 된다.

카. 삭제 <2019. 4. 25.>

타. 삭제 <2016.2.4.>

파. 식품소분·판매업자는 법 제15조제2항에 따라 위해평가가 완료되기 전까지 일시적으로 금지된 식품 등에 대하여는 이를 수입·가공·사용·운반 등을 하여서는 아니 된다.

하. 식품소분업자 및 유통전문판매업자는 소비자로부터 이물 검출 등 불만사례 등을 신고 받은 경우에는 그 내용을 2년간 기록·보관하여야 하며, 소비자가 제시한 이물과 증거품(사진, 해당 식품 등을 말한다)은 6개월간 보관하여야 한다. 다만, 부패하거나 변질될 우려가 있는 이물 또는 증거품은 2개월간 보관할 수 있다.

거. 유통전문판매업자는 제조·가공을 위탁한 제조·가공업자에 대하여 반기마다 1회 이상 위생관리 상태를 점검하여야 한다. 다만, 위탁받은 제조·가공업자가 위탁받은 식품과 동일한 식품에 대하여 법 제48조에 따른 식품안전관리인증기준적용업소인 경우 또는 위탁받은 식품과 동일한 식품에 대하여 「어린이 식생활안전관리 특별법」 제14조에 따라 품질인증을 받은 자인 경우는 제외한다.

4. 식품자동판매기영업자와 그 종업원의 준수사항

가. 자판기용 제품은 적법하게 가공된 것을 사용해야 하며, 유통기한이 경과된 제품·식품 또는 그 원재료를 판매의 목적으로 진열·보관하거나 이를 판매해서는 안 되며, 해당 제품·식품 또는 그 원재료를 진열·보관할 때에는 폐기용 또는 교육용이라는 표시를 명확하게 해야 한다.

나. 자판기 내부의 정수기 또는 살균장치 등이 낡거나 닳아 없어진 경우에는 즉시 바꾸어야 하고, 그 기능이 떨어진 경우에는 즉시 그 기능을 보강하여야 한다.

Chapter 02   관련법령

다. 자판기 내부(재료혼합기, 급수통, 급수호스 등)는 하루 1회 이상 세척 또는 소독하여 청결히 하여야 하고, 그 기능이 떨어진 경우에는 즉시 교체하여야 한다.

라. 자판기 설치장소 주변은 항상 청결하게 하고, 뚜껑이 있는 쓰레기통 또는 종이컵 수거대(종이컵을 사용하는 자판기만 해당한다)를 비치하여야 하며, 쥐·바퀴 등 해충이 자판기 내부에 침입하지 아니하도록 하여야 한다.

마. 매일 위생상태 및 고장여부를 점검하여야 하고, 그 내용을 다음과 같은 점검표에 기록하여 보기 쉬운 곳에 항상 비치하여야 한다.

바. 자판기에는 영업신고번호, 자판기별 일련관리번호(제42조제7항에 따라 2대 이상을 일괄신고한 경우에 한한다), 제품의 명칭 및 고장시의 연락전화번호를 12포인트 이상의 글씨로 판매기 앞면의 보기 쉬운 곳에 표시하여야 한다.

5. 집단급식소 식품판매업자와 그 종업원의 준수사항

가. 영업자는 식품의 구매·운반·보관·판매 등의 과정에 대한 거래내역을 2년간 보관하여야 한다.

나. 「식품 등의 표시·광고에 관한 법률」 제4조 및 제5조에 따른 표시사항을 모두 표시하지 않은 축산물, 「축산물 위생관리법」 제7조제1항을 위반하여 허가받지 않은 작업장에서 도축·집유·가공·포장 또는 보관된 축산물, 같은 법 제12조제1항·제2항에 따른 검사를 받지 않은 축산물, 같은 법 제22조에 따른 영업 허가를 받지 아니한 자가 도축·집유·가공·포장 또는 보관된 축산물 또는 같은 법 제33조제1항에 따른 축산물, 실험 등의 용도로 사용한 동물 또는 「야생동·식물보호법」을 위반하여 포획한 야생동물은 판매하여서는 아니 된다.

다. 냉동식품을 공급할 때에 해당 집단급식소의 영양사 및 조리사가 해동(解凍)을 요청할 경우 해동을 위한 별도의 보관 장치를 이용하거나 냉장운반을 할 수 있다. 이 경우 해당 제품이 해동 중이라는 표시, 해동을 요청한 자, 해동 시작시간, 해동한 자 등 해동에 관한 내용을 표시하여야 한다.

라. 작업장에서 사용하는 기구, 용기 및 포장은 사용 전, 사용 후 및 정기적으로 살균·소독하여야 하며, 동물·수산물의 내장 등 세균의 오염원이 될 수 있는 식품 부산물을 처리한 경우에는 사용한 기구에 따른 오염을 방지하여야 한다.

마. 유통기한이 경과된 제품·식품 또는 그 원재료를 판매의 목적으로 운반·진열·보관하거나 이를 판매해서는 안 되며, 해당 제품·식품 또는 그 원재료를 진열·보관할 때에는 폐기용 또는 교육

용이라는 표시를 명확하게 해야 한다.

바. 수돗물이 아닌 지하수 등을 먹는 물 또는 식품의 조리·세척 등에 사용하는 경우에는 「먹는물관리법」 제43조에 따른 먹는 물 수질검사기관에서 다음의 검사를 받아 마시기에 적합하다고 인정된 물을 사용하여야 한다. 다만, 둘 이상의 업소가 같은 건물에서 같은 수원을 사용하는 경우에는 하나의 업소에 대한 시험결과로 해당 업소에 대한 검사에 갈음할 수 있다.

  1) 일부항목 검사 : 1년(모든 항목 검사를 하는 연도는 제외한다) 마다 「먹는물 수질기준 및 검사 등에 관한 규칙」 제4조에 따른 마을상수도의 검사기준에 따른 검사(잔류염소검사는 제외한다)를 하여야 한다. 다만, 시·도지사가 오염의 염려가 있다고 판단하여 지정한 지역에서는 같은 규칙 제2조에 따른 먹는 물의 수질기준에 따른 검사를 하여야 한다.

  2) 모든 항목 검사 : 2년마다 「먹는물 수질기준 및 검사 등에 관한 규칙」 제2조에 따른 먹는 물의 수질기준에 따른 검사

사. 법 제15조에 따른 위해평가가 완료되기 전까지 일시적으로 금지된 식품등을 사용하여서는 아니 된다.

아. 식중독 발생시 보관 또는 사용 중인 식품은 역학조사가 완료될 때까지 폐기하거나 소독 등으로 현장을 훼손하여서는 아니 되고 원상태로 보존하여야 하며, 식중독 원인규명을 위한 행위를 방해하여서는 아니 된다.

6. 식품조사처리업자 및 그 종업원의 준수사항

조사연월일 및 시간, 조사대상식품명칭 및 무게 또는 수량, 조사선량 및 선량보증, 조사목적에 관한 서류를 작성하여야 하고, 최종 기재일부터 3년간 보관하여야 한다.

7. 식품접객업자(위탁급식영업자는 제외한다)와 그 종업원의 준수사항

가. 물수건, 숟가락, 젓가락, 식기, 찬기, 도마, 칼, 행주, 그 밖의 주방용구는 기구등의 살균·소독제, 열탕, 자외선살균 또는 전기살균의 방법으로 소독한 것을 사용하여야 한다.

나. 「식품 등의 표시·광고에 관한 법률」 제4조 및 제5조에 따른 표시사항을 모두 표시하지 않은 축산물, 「축산물 위생관리법」 제7조제1항을 위반하여 허가받지 않은 작업장에서 도축·집유·가공·포장 또는 보관된 축산물, 같은 법 제12조제1항·제2항에 따른 검사를 받지 않은 축산물, 같은 법 제22조에 따른 영업 허가를 받지 아니한 자가 도축·집유·가공·포장 또는 보관된 축산

Chapter 02 관련법령

물 또는 같은 법 제33조제1항에 따른 축산물 또는 실험 등의 용도로 사용한 동물은 음식물의 조리에 사용하여서는 아니 된다.

다. 업소 안에서는 도박이나 그 밖의 사행행위 또는 풍기문란행위를 방지하여야 하며, 배달판매 등의 영업행위 중 종업원의 이러한 행위를 조장하거나 묵인하여서는 아니 된다.

라. 삭제 <2011.8.19>

마. 삭제 <2011.8.19>

바. 제과점영업자가 별표 14 제8호가목2)라)(5)에 따라 조리장을 공동 사용하는 경우 빵류를 실제 제조한 업소명과 소재지를 소비자가 알아볼 수 있도록 별도로 표시하여야 한다. 이 경우 게시판, 팻말 등 다양한 방법으로 표시할 수 있다.

사. 간판에는 영 제21조에 따른 해당업종명과 허가를 받거나 신고한 상호를 표시하여야 한다. 이 경우 상호와 함께 외국어를 병행하여 표시할 수 있으나 업종구분에 혼동을 줄 수 있는 사항은 표시하여서는 아니 된다.

아. 손님이 보기 쉽도록 영업소의 외부 또는 내부에 가격표(부가가치세 등이 포함된 것으로서 손님이 실제로 내야 하는 가격이 표시된 가격표를 말한다)를 붙이거나 게시하되, 신고한 영업장 면적이 150제곱미터 이상인 휴게음식점 및 일반음식점은 영업소의 외부와 내부에 가격표를 붙이거나 게시하여야 하고, 가격표대로 요금을 받아야 한다.

자. 영업허가증·영업신고증·조리사면허증(조리사를 두어야 하는 영업에만 해당한다)을 영업소 안에 보관하고, 허가관청 또는 신고관청이 식품위생·식생활개선 등을 위하여 게시할 것을 요청하는 사항을 손님이 보기 쉬운 곳에 게시하여야 한다.

차. 식품의약품안전처장 또는 시·도지사가 국민에게 혐오감을 준다고 인정하는 식품을 조리·판매하여서는 아니 되며, 「멸종위기에 처한 야생동식물종의 국제거래에 관한 협약」에 위반하여 포획·채취한 야생동물·식물을 사용하여 조리·판매하여서는 아니 된다.

카. 유통기한이 경과된 제품·식품 또는 그 원재료를 조리·판매의 목적으로 운반·진열·보관하거나 이를 판매 또는 식품의 조리에 사용해서는 안 되며, 해당 제품·식품 또는 그 원재료를 진열·보관할 때에는 폐기용 또는 교육용이라는 표시를 명확하게 해야 한다.

타. 허가를 받거나 신고한 영업 외의 다른 영업시설을 설치하거나 다음에 해당하는 영업행위를 하여서는 아니 된다.

   1) 휴게음식점영업자·일반음식점영업자 또는 단란주점영업자가 유흥접객원을 고용하여 유

흥접객행위를 하게 하거나 종업원의 이러한 행위를 조장하거나 묵인하는 행위

2) 휴게음식점영업자·일반음식점영업자가 음향 및 반주시설을 갖추고 손님이 노래를 부르도록 허용하는 행위. 다만, 연회석을 보유한 일반음식점에서 회갑연, 칠순연 등 가정의 의례로서 행하는 경우에는 그러하지 아니하다.

3) 일반음식점영업자가 주류만을 판매하거나 주로 다류를 조리·판매하는 다방형태의 영업을 하는 행위

4) 휴게음식점영업자가 손님에게 음주를 허용하는 행위

5) 식품접객업소의 영업자 또는 종업원이 영업장을 벗어나 시간적 소요의 대가로 금품을 수수하거나, 영업자가 종업원의 이러한 행위를 조장하거나 묵인하는 행위

6) 휴게음식점영업 중 주로 다류 등을 조리·판매하는 영업소에서 「청소년보호법」 제2조제1호에 따른 청소년인 종업원에게 영업소를 벗어나 다류 등을 배달하게 하여 판매하는 행위

7) 휴게음식점영업자·일반음식점영업자가 음향시설을 갖추고 손님이 춤을 추는 것을 허용하는 행위. 다만, 특별자치도·시·군·구의 조례로 별도의 안전기준, 시간 등을 정하여 별도의 춤을 추는 공간이 아닌 객석에서 춤을 추는 것을 허용하는 경우는 제외한다.

파. 유흥주점영업자는 성명, 주민등록번호, 취업일, 이직일, 종사분야를 기록한 종업원(유흥접객원만 해당한다)명부를 비치하여 기록·관리하여야 한다.

하. 손님을 꾀어서 끌어들이는 행위를 하여서는 아니 된다.

거. 업소 안에서 선량한 미풍양속을 해치는 공연, 영화, 비디오 또는 음반을 상영하거나 사용하여서는 아니 된다.

너. 수돗물이 아닌 지하수 등을 먹는 물 또는 식품의 조리·세척 등에 사용하는 경우에는 「먹는물관리법」 제43조에 따른 먹는 물 수질검사기관에서 다음의 검사를 받아 마시기에 적합하다고 인정된 물을 사용하여야 한다. 다만, 둘 이상의 업소가 같은 건물에서 같은 수원을 사용하는 경우에는 하나의 업소에 대한 시험결과로 해당 업소에 대한 검사에 갈음할 수 있다.

1) 일부항목 검사 : 1년(모든 항목 검사를 하는 연도는 제외한다) 마다 「먹는물 수질기준 및 검사 등에 관한 규칙」 제4조에 따른 마을상수도의 검사기준에 따른 검사(잔류염소검사는 제외한다)를 하여야 한다. 다만, 시·도지사가 오염의 염려가 있다고 판단하여 지정한 지역에서는 같은 규칙 제2조에 따른 먹는 물의 수질기준에 따른 검사를 하여야 한다.

2) 모든 항목 검사 : 2년마다 「먹는물 수질기준 및 검사 등에 관한 규칙」 제2조에 따른 먹는

Chapter 02 관련법령

물의 수질기준에 따른 검사

더. 동물의 내장을 조리한 경우에는 이에 사용한 기계·기구류 등을 세척하여 살균하여야 한다.

러. 식품접객업영업자는 손님이 먹고 남긴 음식물이나 먹을 수 있게 진열 또는 제공한 음식물에 대해서는 다시 사용·조리 또는 보관(폐기용이라는 표시를 명확하게 하여 보관하는 경우는 제외한다)해서는 안 된다. 다만, 식품의약품안전처장이 인터넷 홈페이지에 별도로 정하여 게시한 음식물에 대해서는 다시 사용·조리 또는 보관할 수 있다.

머. 식품접객업자는 공통찬통, 소형찬기 또는 복합찬기를 사용하거나, 손님이 남은 음식물을 싸서 가지고 갈 수 있도록 포장용기를 비치하고 이를 손님에게 알리는 등 음식문화개선을 위해 노력하여야 한다.

버. 휴게음식점영업자·일반음식점영업자 또는 단란주점영업자는 영업장 안에 설치된 무대시설 외의 장소에서 공연을 하거나 공연을 하는 행위를 조장·묵인하여서는 아니 된다. 다만, 일반음식점영업자가 손님의 요구에 따라 회갑연, 칠순연 등 가정의 의례로서 행하는 경우에는 그러하지 아니하다.

서. 「야생생물 보호 및 관리에 관한 법률」을 위반하여 포획한 야생동물을 사용한 식품을 조리·판매하여서는 아니 된다.

어. 법 제15조제2항에 따른 위해평가가 완료되기 전까지 일시적으로 금지된 식품등을 사용·조리하여서는 아니 된다.

저. 조리·가공한 음식을 진열하고, 진열된 음식을 손님이 선택하여 먹을 수 있도록 제공하는 형태(이하 "뷔페"라 한다)로 영업을 하는 일반음식점영업자는 제과점영업자에게 당일 제조·판매하는 빵류를 구입하여 구입 당일 이를 손님에게 제공할 수 있다. 이 경우 당일 구입하였다는 증명서(거래명세서나 영수증 등을 말한다)를 6개월간 보관하여야 한다.

처. 법 제47조제1항에 따른 모범업소가 아닌 업소의 영업자는 모범업소로 오인·혼동할 우려가 있는 표시를 하여서는 아니 된다.

커. 손님에게 조리하여 제공하는 식품의 주재료, 중량 등이 아목에 따른 가격표에 표시된 내용과 달라서는 아니 된다.

터. 아목에 따른 가격표에는 불고기, 갈비 등 식육의 가격을 100그램당 가격으로 표시하여야 하며, 조리하여 제공하는 경우에는 조리하기 이전의 중량을 표시할 수 있다. 100그램당 가격과 함께 1인분의 가격도 표시하려는 경우에는 다음의 예와 같이 1인분의 중량과 가격을 함께 표시하여야 한다.

　예) 불고기 100그램 ○○원(1인분 120그램 △△원)

　　　갈비 100그램 ○○원(1인분 150그램 △△원)

퍼. 음식판매자동차를 사용하는 휴게음식점영업자 및 제과점영업자는 신고한 장소가 아닌 장소에서 그 음식판매자동차로 휴게음식점영업 및 제과점영업을 하여서는 아니 된다.

허. 법 제47조의2제1항에 따라 위생등급을 지정받지 아니한 식품접객업소의 영업자는 위생등급 지정업소로 오인·혼동할 우려가 있는 표시를 해서는 아니 된다.

고. 식품접객영업자는 「재난 및 안전관리 기본법」 제38조제2항 본문에 따라 경계 또는 심각의 위기경보(「감염병의 예방 및 관리에 관한 법률」에 따른 감염병 확산의 경우만 해당한다)가 발령된 경우에는 손님의 보건위생을 위해 해당 영업장에 손을 소독할 수 있는 용품이나 장치를 갖춰 두어야 한다.

8. 위탁급식영업자와 그 종업원의 준수사항

가. 집단급식소를 설치·운영하는 자와 위탁 계약한 사항 외의 영업행위를 하여서는 아니 된다.

나. 물수건, 숟가락, 젓가락, 식기, 찬기, 도마, 칼, 행주 그 밖에 주방용구는 기구 등의 살균·소독제, 열탕, 자외선살균 또는 전기살균의 방법으로 소독한 것을 사용하여야 한다.

다. 「식품 등의 표시·광고에 관한 법률」 제4조 및 제5조에 따른 표시사항을 모두 표시하지 않은 축산물, 「축산물 위생관리법」 제7조제1항을 위반하여 허가받지 않은 작업장에서 도축·집유·가공·포장 또는 보관된 축산물, 같은 법 제12조제1항·제2항에 따른 검사를 받지 않은 축산물, 같은 법 제22조에 따른 영업 허가를 받지 아니한 자가 도축·집유·가공·포장 또는 보관된 축산물 또는 같은 법 제33조제1항에 따른 축산물 또는 실험 등의 용도로 사용한 동물을 음식물의 조리에 사용하여서는 아니 되며, 「야생생물 보호 및 관리에 관한 법률」에 위반하여 포획한 야생동물을 사용하여 조리하여서는 아니 된다.

라. 유통기한이 경과된 제품·식품 또는 그 원재료를 조리의 목적으로 진열·보관하거나 이를 판매 또는 식품의 조리에 사용해서는 안 되며, 해당 제품·식품 또는 그 원재료를 진열·보관할 때에는 폐기용 또는 교육용이라는 표시를 명확하게 해야 한다

마. 수돗물이 아닌 지하수 등을 먹는 물 또는 식품의 조리·세척 등에 사용하는 경우에는 「먹는물관리법」 제43조에 따른 먹는 물 수질검사기관에서 다음의 구분에 따라 검사를 받아 마시기

Chapter 02   관련법령

에 적합하다고 인정된 물을 사용하여야 한다. 다만, 같은 건물에서 같은 수원을 사용하는 경우에는 하나의 업소에 대한 시험결과로 갈음할 수 있다.

   1) 일부항목 검사 : 1년마다(모든 항목 검사를 하는 연도의 경우를 제외한다) 「먹는물 수질기준 및 검사 등에 관한 규칙」 제4조제1항제2호에 따른 마을상수도의 검사기준에 따른 검사(잔류염소검사를 제외한다). 다만, 시·도지사가 오염의 염려가 있다고 판단하여 지정한 지역에서는 같은 규칙 제2조에 따른 먹는 물의 수질기준에 따른 검사를 하여야 한다.

   2) 모든 항목 검사 : 2년마다 「먹는물 수질기준 및 검사 등에 관한 규칙」 제2조에 따른 먹는 물의 수질기준에 따른 검사

바. 동물의 내장을 조리한 경우에는 이에 사용한 기계·기구류 등을 세척하고 살균하여야 한다.

사. 조리·제공한 식품(법 제2조제12호다목에 따른 병원의 경우에는 일반식만 해당한다)을 보관할 때에는 매회 1인분 분량을 섭씨 영하 18도 이하에서 144시간 이상 보관하여야 한다. 이 경우 완제품 형태로 제공한 가공식품은 유통기한 내에서 해당 식품의 제조업자가 정한 보관방법에 따라 보관할 수 있다.

아. 삭제 <2011.8.19>

자. 삭제 <2011.8.19>

차. 법 제15조제2항에 따라 위해평가가 완료되기 전까지 일시적으로 금지된 식품등에 대하여는 이를 사용·조리하여서는 아니 된다.

카. 식중독 발생시 보관 또는 사용 중인 보존식이나 식재료는 역학조사가 완료될 때까지 폐기하거나 소독 등으로 현장을 훼손하여서는 아니 되고 원상태로 보존하여야 하며, 원인규명을 위한 행위를 방해하여서는 아니 된다.

타. 법 제47조제1항에 따른 모범업소가 아닌 업소의 영업자는 모범업소로 오인·혼동할 우려가 있는 표시를 하여서는 아니 된다.

■ 식품위생법 시행규칙 [별표 24] <개정 2011.8.19.>

집단급식소의 설치·운영자의 준수사항(제95조제2항 관련)

1. 물수건, 숟가락, 젓가락, 식기, 찬기, 도마, 칼 및 행주, 그 밖에 주방용구는 기구 등의 살균·소독제 또는 열탕의 방법으로 소독한 것을 사용하여야 한다.
2. 「축산물가공처리법」 제12조에 따라 검사를 받지 아니한 축산물 또는 실험 등의 용도로 사용한 동물을 음식물의 조리에 사용하여서는 아니 되며, 「야생동·식물보호법」에 위반하여 포획한 야생동물을 조리하여서는 아니 된다.
3. 유통기한이 경과된 원료 또는 완제품을 조리할 목적으로 보관하거나 이를 음식물의 조리에 사용하여서는 아니 된다.
4. 수돗물이 아닌 지하수 등을 먹는 물 또는 식품의 조리·세척 등에 사용하는 경우에는 「먹는물관리법」 제43조에 따른 먹는물 수질검사기관에서 다음의 구분에 따라 검사를 받아 마시기에 적합하다고 인정된 물을 사용하여야 한다. 다만, 같은 건물에서 같은 수원을 사용하는 경우에는 같은 건물 안에 하나의 업소에 대한 시험결과를 같은 건물 안의 타 업소에 대한 시험결과로 갈음할 수 있다.

    가. 일부항목 검사 : 1년마다(모든 항목 검사를 하는 연도의 경우를 제외한다) 「먹는물 수질기준 및 검사 등에 관한 규칙」 제4조제1항제2호에 따른 마을상수도의 검사기준에 따른 검사(잔류염소에 관한 검사를 제외한다). 다만, 시·도지사가 오염의 우려가 있다고 판단하여 지정한 지역에서는 같은 규칙 제2조에 따른 먹는 물의 수질기준에 따른 검사를 하여야 한다.

    나. 모든 항목 검사 : 2년마다 「먹는물 수질기준 및 검사 등에 관한 규칙」 제2조에 따른 먹는 물의 수질기준에 따른 검사

5. 먹는 물 수질검사기관에서 수질검사를 실시한 결과 부적합 판정된 지하수는 먹는 물 또는 식품의 조리·세척 등에 사용하여서는 아니 된다.
6. 동물의 내장을 조리한 경우에는 이에 사용한 기계·기구류 등을 세척하고 살균하여야 한다.
7. 삭제 <2011.8.19>
8. 법 제15조제2항에 따라 위해평가가 완료되기 전까지 일시적으로 채취·제조·수입·가공·사용·조리·저장·운반 또는 진열이 금지된 식품 등에 대하여는 사용·조리를 하여서는 아니 된다.

Chapter 02　관련법령

9. 식중독이 발생한 경우 보관 또는 사용 중인 보존식이나 식재료를 역학조사가 완료될 때까지 폐기하거나 소독 등으로 현장을 훼손하여서는 아니 되고 원상태로 보존하여야 하며, 원인규명을 위한 행위를 방해하여서는 아니 된다.
10. 법 제47조제1항에 따라 모범업소로 지정받은 자 외의 자는 모범업소임을 알리는 지정증, 표지판, 현판 등 어떠한 표시도 하여서는 아니 된다

■ 식품위생법 시행규칙 [별표 25] <개정 2012.12.17.>

집단급식소의 시설기준(제96조 관련)

1. 조리장

가. 조리장은 음식물을 먹는 객석에서 그 내부를 볼 수 있는 구조로 되어 있어야 한다. 다만, 병원·학교의 경우에는 그러하지 아니하다.

나. 조리장 바닥은 배수구가 있는 경우에는 덮개를 설치하여야 한다.

다. 조리장 안에는 취급하는 음식을 위생적으로 조리하기 위하여 필요한 조리시설·세척시설·폐기물용기 및 손 씻는 시설을 각각 설치하여야 하고, 폐기물용기는 오물·악취 등이 누출되지 아니하도록 뚜껑이 있고 내수성 재질[스테인레스·알루미늄·에프알피(FRP)·테프론 등 물을 흡수하지 아니하는 것을 말한다. 이하 같다]로 된 것이어야 한다.

라. 조리장에는 주방용 식기류를 소독하기 위한 자외선 또는 전기살균소독기를 설치하거나 열탕세척소독시설(식중독을 일으키는 병원성 미생물 등이 살균될 수 있는 시설이어야 한다)을 갖추어야 한다.

마. 충분한 환기를 시킬 수 있는 시설을 갖추어야 한다. 다만, 자연적으로 통풍이 가능한 구조의 경우에는 그러하지 아니하다.

바. 식품등의 기준 및 규격 중 식품별 보존 및 유통기준에 적합한 온도가 유지될 수 있는 냉장시설 또는 냉동시설을 갖추어야 한다.

사. 식품과 직접 접촉하는 부분은 위생적인 내수성 재질로서 씻기 쉬우며, 열탕·증기·살균제 등으로 소독·살균이 가능한 것이어야 한다.

아. 냉동·냉장시설 및 가열처리시설에는 온도계 또는 온도를 측정할 수 있는 계기를 설치하여야 하며, 적정온도가 유지되도록 관리하여야 한다.

자. 조리장에는 쥐·해충 등을 막을 수 있는 시설을 갖추어야 한다.

2. 급수시설

가. 수돗물이나 「먹는물관리법」 제5조에 따른 먹는 물의 수질기준에 적합한 지하수 등을 공급할

Chapter 02 관련법령

수 있는 시설을 갖추어야 한다. 다만, 지하수를 사용하는 경우에는 용수저장탱크에 염소자동 주입기 등 소독장치를 설치하여야 한다.

나. 지하수를 사용하는 경우 취수원은 화장실·폐기물처리시설·동물사육장 그 밖에 지하수가 오염될 우려가 있는 장소로부터 영향을 받지 아니 하는 곳에 위치하여야 한다.

3. 창고 등 보관시설

가. 식품등을 위생적으로 보관할 수 있는 창고를 갖추어야 한다.

나. 창고에는 식품등을 법 제7조제1항에 따른 식품등의 기준 및 규격에서 정하고 있는 보존 및 유통기준에 적합한 온도에서 보관할 수 있도록 냉장·냉동시설을 갖추어야 한다. 다만, 조리장에 갖춘 냉장시설 또는 냉동시설에 해당 급식소에서 조리·제공되는 식품을 충분히 보관할 수 있는 경우에는 창고에 냉장시설 및 냉동시설을 갖추지 아니하여도 된다.

4. 화장실

가. 화장실은 조리장에 영향을 미치지 아니하는 장소에 설치하여야 한다. 다만, 집단급식소가 위치한 건축물 안에 나목부터 라목까지의 기준을 갖춘 공동화장실이 설치되어 있거나 인근에 사용하기 편리한 화장실이 있는 경우에는 따로 화장실을 설치하지 아니할 수 있다.

나. 화장실은 정화조를 갖춘 수세식 화장실을 설치하여야 한다. 다만, 상·하수도가 설치되지 아니한 지역에서는 수세식이 아닌 화장실을 설치할 수 있다. 이 경우 변기의 뚜껑과 환기시설을 갖추어야 한다.

다. 화장실은 콘크리트 등으로 내수처리를 하여야 하고, 바닥과 내벽(바닥으로부터 1.5미터까지)에는 타일을 붙이거나 방수페인트로 색칠하여야 한다.

라. 화장실에는 손을 씻는 시설을 갖추어야 한다.

■ 수입식품안전관리 특별법 시행규칙 [별표 8] <개정 2020. 3. 31.>

영업자 준수사항(제25조 관련)

1. 공통사항

가. 영업등록증은 영업소 안에 비치하여야 한다.

나. 관계 공무원등의 출입·검사·수거 등을 거부·방해·기피하는 행위를 해서는 아니 된다.

다. 종업원을 고용한 영업자는 위생교육 계획을 수립하여 영업에 종사하는 종업원에 대하여 매월 위생교육을 실시하여야 하고(법 제17조에 따라 종업원이 영업자 대신 위생교육을 받은 경우에는 그 종업원이 위생교육을 실시할 수 있다), 그 결과를 기록하여 1년간 보관하여야 한다.

2. 수입식품등 수입·판매업자 준수사항

가. 수입식품등의 제품명·판매일·판매처·판매량·수입일·선하증권번호(수입쇠고기의 경우 이력번호로 한다)·제조국·수출국·제조회사명·수출회사명을 기록한 거래내역서 및 내용명세서를 수입일부터 2년간 보관하여야 하며, 수입일부터 유통기한이 2년 이상 남은 식품등의 거래내역서는 유통기한 종료 시까지 보관하여야 한다. 다만, 법 제23조에 따른 유통이력추적관리 등록을 한 경우에는 거래내역서를 기록·보관한 것으로 본다.

나. 지방식품의약품안전청장이 발급한 수입신고확인증과 「관세법」 제248조에 따라 세관장이 교부하는 수입식품등의 신고필증을 그 발급일부터 2년간 보관하여야 한다.

다. 수입식품등의 유통이력추적관리 등록사항이 변경된 경우 변경사유가 발생한 날부터 1개월 이내에 신고하여야 한다.

라. 장난감 등이 함께 포장되어 있는 수입식품등을 수입하여 판매하려는 경우에는 장난감 등과 수입식품등을 구분하여 별도로 포장해야 하며, 해당 장난감 등은 「전기용품 및 생활용품 안전관리법」 제5조제3항에 따른 제품검사의 안전기준에 적합한 것이어야 한다. 다만, 장난감 등이 수입식품등의 보관 · 섭취에 사용되는 경우는 제외한다.

마. 유통기한이 경과된 수입식품등을 판매의 목적으로 소분·운반·진열 또는 보관하여서는 아니 되며, 이를 판매하여서는 아니 된다.

Chapter 02 관련법령

바. 포장·용기가 파손된 수입식품등을 판매하거나 판매할 목적으로 운반·진열하여서는 아니 된다.

사. 수입식품등의 부패·변질·폐기·유통기한 경과 등의 책임이 있는 경우 교환하여 주어야 한다.

아. 「식품위생법」 제12조의2에 따른 유전자변형식품등 표시대상에 해당하는 수입식품등을 수입하여 판매하는 경우로서 유전자변형식품등이라는 표시를 하지 아니한 경우에는 구분유통증명서 또는 이와 동등한 효력이 있음을 생산국의 정부가 인정하는 증명서, 식품의약품안전처장이 지정하였거나 지정한 것으로 보는 국내외 시험·검사기관의 시험·검사성적서 중 어느 하나를 그 제품의 수입일부터 2년간 보관하여야 한다(수입신고 시 원본을 제출하였을 경우 사본 또는 전자파일을 보관한다).

자. 수입식품등에 대한 공중위생상 위해정보를 입수하였거나 발견하였을 경우에는 즉시 관계기관에 그 사실을 알리고 위해방지에 필요한 조치를 실시하여야 한다.

차. 소비자로부터 이물 검출 등 불만사례 등을 신고 받은 경우에는 그 내용을 2년간 기록·보관하여야 하며, 소비자가 제시한 이물과 증거품(사진, 해당 식품 등을 말한다)은 6개월간 보관하여야 한다. 다만, 부패하거나 변질될 우려가 있는 이물 또는 증거품(사진은 제외)은 2개월간 보관할 수 있다.

카. 「식품위생법」 제15조제2항, 「축산물 위생관리법」 제33조의2제2항에 정하는 바에 따라 위해평가가 완료되기 전까지 일시적으로 금지된 식품(식품첨가물 및 기구, 용기·포장을 포함한다), 축산물에 대하여는 이를 수입·판매 하여서는 아니 된다.

타. 수입된 수입식품등이 안전성·기능성(기능성은 건강기능식품만 해당한다)의 문제가 있거나 품질이 불량한 때에는 당해 제품을 스스로 회수하고, 그 기록을 2년간 보관하여야 한다.

파. 자신이 유통·판매하는 수입식품등을 직접 운반하는 경우에는 다음 각 호를 준수하여야 한다.
  1) 운반차량은 수시로 세척·소독하여 청결하게 관리하여야 한다.
  2) 냉장 또는 냉동 보관하여야 하는 수입식품등은 보관온도를 유지하여야 한다.

하. 건강기능식품을 수입하는 경우 「건강기능식품에 관한 법률」 제14조제2항·제15조제2항에 따른 인정 서류(인정서가 있는 경우에 한정한다) 및 기능성 표시·광고사전심의필증을 보관하여야 한다.

거. 건강기능식품을 수입하여 판매하는 경우 판매 사례품이나 경품을 제공하는 등 사행심을 조장하여 제품을 판매하는 행위를 하여서는 아니 된다.

너. 건강기능식품 수입업자는 건강기능식품으로 인하여 발생하였다고 의심되는 위해사실(이상

사례를 포함한다)을 알게 된 경우에는 그 사실을 식품의약품안전처장이 지정하여 고시하는 기관에 지체없이 보고하여야 하며, 필요한 안전대책을 강구하여야 한다.

더. 삭제 <2019. 4. 25.>

러. 삭제 <2019. 4. 25.>

머. 삭제 <2019. 4. 25.>

버. 축산물을 수입하는 영업자가 냉장제품을 냉동제품으로 전환하려는 경우에는 사전에 지방식품의약품안전청장에게 전환 품목명, 중량, 보관방법, 유통기한(냉장제품 및 냉동전환 제품의 유통기한을 말한다), 냉동으로 전환하는 시설의 소재지, 냉동전환을 실시하는 날짜와 냉동전환이 완료되는 날짜 및 수입식품등의 수입신고확인증번호를 신고(전자문서로 된 신고서를 포함한다)하여야 하며, 다음 사항을 준수하여야 한다.

　1) 냉동전환 대상 축산물에 「식품 등의 표시·광고에 관한 법률」 제4조에 따른 축산물의 표시기준을 준수하여 표시

　2) 냉동전환 신고 사항 변경 시 해당 변경내역을 지체 없이 신고

　3) 신고일부터 10일 이내에 냉동전환을 실시하여야 하며, 냉동전환 완료일이 냉장제품의 유통기한을 초과하지 아니하도록 할 것

서. 삭제 <2019. 11. 18.>

어. 냉동식육 또는 냉동포장육을 집단급식소에 공급할 때에는 해당 집단급식소의 영양사 및 조리사가 해동을 요청할 경우 해동을 위한 별도의 보관 장치를 이용하거나 냉장운반을 할 수 있다. 이 경우 해당 제품이 해동 중이라는 표시, 해동을 요청한 자, 해동 시작시간, 해동한 자 등 해동에 관한 내용을 표시하여야 한다.

저. 법 제21조제1항에 따라 수입식품등을 검사하는 관계 공무원등에게 금품이나 향응 등을 제공하여 법 제20조제2항제1호의 위반행위를 하여서는 아니 된다.

처. 법 제21조제1항에 따라 수입식품등을 검사하는 관계 공무원등에게 다른 영업자의 수입신고서를 열람하거나 그 사본·복제물을 제공하여 줄 것을 요구하는 행위를 하여서는 아니 된다.

커. 법 제21조제1항에 따라 수입식품등을 검사하는 검사기관에 수입식품등의 신고업무와 관련된 검사를 의뢰할 때 검사수수료 외의 금품이나 향응 등을 제공하여 법 제20조제2항제1호의 위반행위를 하여서는 아니 된다.

터. 수입식품등의 원료, 제조공정 등의 안전성 확보를 위해 영업자의 확인이 필요하다고 식품의

Chapter 02 관련법령

약품안전처장이 식품의약품안전처의 인터넷 홈페이지에 게재한 증명서류를 해당 수입식품등의 수입신고일부터 2년간 보관하여야 한다. 다만, 수입식품등의 유통기한이 2년 이상 남은 경우에는 해당 증명서류를 수입식품등의 유통기한 종료일까지 보관하여야 한다.

퍼. 제31조제1항에 따라 조건부 수입신고확인증을 발급받은 수입식품등의 경우 검사결과를 통보받거나 보완사항의 이행 여부를 확인받기 전까지 다른 식품 등과 분리하여 보관하여야 한다.

허. 법 제20조에 따라 수입식품등으로 수입신고된 농산물·임산물은 「약사법」제2조제5호의 한약으로 판매해서는 안 된다.

4. 수입식품등 보관업자 준수사항

가. 수입식품등의 제품명·수입자·수입일·수량·중량·선하증권번호·반입일·반출일을 기록하고 이를 수입일부터 2년 이상 보관하여야 한다.

나. 수입식품등의 확인 및 구별이 가능하도록 화물관리정보의 표시를 수입식품등에 부착하여야 하며 보관기간 동안 떨어지지 않도록 관리하여야 한다.

다. 수입식품등은 공산품과 별도의 공간에 분리하거나, 칸막이 등으로 구획하여 보관하여야 한다. 다만, 분리 또는 구획보관이 어려울 경우 랩으로 감싸거나 별도 포장하여 다른 공산품 및 분진 등과 교차오염 우려가 없도록 관리하여야 하며, 인체에 유해한 물질, 위험물 등과 반드시 분리하여 보관하여야 한다.

라. 유통기한이 경과되었거나 부적합 판정을 받은 수입식품등은 별도의 장소에 보관하거나 명확하게 식별되는 표시를 하여 일반물품과 구별되도록 보관하여야 한다.

마. 바닥, 벽면 및 천장과 적정한 거리를 두어 보관하여야 한다.

바. 보관온도가 정하여진 수입식품등은 보관온도에 맞게 보관하여야 한다.

사. 관계 공무원등이 출입·검사·수거하는 때에는 영업자 또는 종업원이 입회하여야 한다.

아. 수입검사가 진행 중이거나 부적합 판정을 받은 수입식품등이 국내로 반입되지 않도록 하여야 한다.

자. 하나의 수입신고서를 제출하여 수입된 수입식품등을 2 이상의 장소에 분리하여 보관할 경우에는 나목에 따른 화물관리정보 표시란에 분리하여 보관할 제품의 보관장소 및 수량을 각각 적어야 한다.

■ 수입식품안전관리 특별법 시행규칙 [별표 7] <개정 2018. 12. 20.>

영업의 종류별 시설기준(제15조제1항 관련)

1. 수입식품등 보관업

가. 보관시설 등이 설비된 건축물(이하 "건물"이라 한다)의 위치 등

   1) 건물의 위치는 축산폐수·화학물질, 그 밖에 오염물질의 발생시설로부터 수입식품등에 영향을 주지 아니하는 거리를 두어야 한다.

   2) 건물의 구조는 보관하려는 수입식품등의 특성에 따라 적정한 온도가 유지될 수 있고, 환기가 잘 될 수 있어야 한다.

   3) 건물의 자재는 수입식품등에 나쁜 영향을 주지 아니하고 수입식품등을 오염시키지 아니하는 것이어야 한다.

나. 보관시설

   1) 보관시설은 독립된 건물이거나 식품류 외의 제품을 보관하는 시설과 분리(별도의 방을 분리함에 있어 벽이나 층 등으로 구분하는 경우를 말한다. 이하 이 표에서 같다) 또는 구획(칸막이·커튼 등으로 구분하는 경우를 말한다. 이하 이 표에서 같다)되어야 한다. 다만, 보관시설의 특수성으로 분리 또는 구획이 어려운 경우에는 구분(선·줄 등으로 구분하는 경우를 말한다. 이하 이 표에서 같다)되어야 한다.

   2) 보관시설 내부의 바닥은 콘크리트 등으로 내수처리를 하여야 하고, 물이 고이거나 습기가 차지 않도록 하여야 한다. 다만, 활어 수조 등 물을 사용하는 시설은 그러하지 아니하다.

   3) 보관시설의 내부 구조물, 벽, 바닥, 천장, 출입문, 창문 등은 내구성, 내부식성 등을 가지고, 청소가 용이하여야 한다.

   4) 보관시설은 외부의 오염물질이나 조류, 해충, 설치류, 빗물 등의 유입을 차단할 수 있는 구조이어야 하며, 내부에는 쥐·바퀴 등 해충의 침입 방지를 위한 방충망, 쥐트랩 등 방충·방서시설을 갖추어야 한다. 다만, 방충·방서는 전문 방충·방서업소와 계약을 체결하여 주기적으로 관리할 수 있다.

   5) 보관시설 내부에서 발생하는 악취·유해가스, 먼지, 매연, 증기 등을 배출시키는 환기시설

Chapter 02 관련법령

을 갖추어야 한다. 다만, 냉동·냉장시설 등 보관시설의 특성상 환기시설을 갖출 수 없는 경우에는 그러하지 아니하다.

6) 보관시설은 폐기물·폐수 처리시설과 격리된 장소에 설치하여야 한다.

7) 냉동보관을 하는 경우에는 영하 18℃ 이하, 냉장보관을 하는 경우에는 영상 10℃ 이하의 온도 및 습도 유지를 위한 시설을 갖추어야 하고, 각각의 시설은 분리 또는 구획되어야 하며, 중앙제어실 또는 외부에서도 온도변화를 관찰할 수 있도록 온도계를 보기 쉬운 곳에 설치하여야 한다.

8) 상호 오염원이 될 수 있는 수입식품등을 보관하는 경우에는 서로 분리하여 구별할 수 있도록 한다.

9) 보관시설 바닥에는 양탄자를 설치하여서는 아니 된다.

10) 보관시설에 영향을 미치지 아니하는 정화조를 갖춘 수세식 화장실을 설치하고, 손 씻는 시설을 설치하여야 한다. 다만, 상·하수도가 설치되지 아니한 지역에서는 수세식이 아닌 화장실을 설치할 수 있으며 이 경우 변기의 뚜껑과 환기시설을 갖추어야 한다

수입식품 유통안전관리 안내서

초판 인쇄 2021년 04월 28일
초판 발행 2021년 04월 30일

저 자 식품의약품안전처
발행인 김갑용

발행처 진한엠앤비
주소 서울시 서대문구 독립문로 14길 66 205호(냉천동 260)
전화 02) 364 - 8491(대) / 팩스 02) 319 - 3537
홈페이지주소 http://www.jinhanbook.co.kr
등록번호 제25100-2016-000019호 (등록일자 : 1993년 05월 25일)
ⓒ2021 jinhan M&B INC, Printed in Korea

ISBN 979-11-290-2097-0   (93570)   [정가 10,000원]

☞ 이 책에 담긴 내용의 무단 전재 및 복제 행위를 금합니다.
☞ 잘못 만들어진 책자는 구입처에서 교환해 드립니다.
☞ 본 도서는 [공공데이터 제공 및 이용 활성화에 관한 법률]을 근거로 출판되었습니다.